温室膜下滴灌作物需水量计算方法及应用

葛建坤　著

国家自然科学基金项目(51709110)
河南省科技计划项目(162300410138)
河南省高等学校重点科研项目(18A570005)
河南省高校创新团队支持计划(19IRTSTHN030)
资助出版

科学出版社
北京

内 容 简 介

本书介绍温室膜下滴灌作物需水量计算方法，主要内容包括：温室作物需水量田间试验，温室番茄叶片蒸腾速率的变化规律及基于PLS的蒸腾速率预测模型，基于水面蒸发法的温室作物需水量计算模型，作物系数法需水量计算模型，基于BP、Elman和GA-BP等神经网络的温室作物需水量计算模型等。

本书除可供从事或涉及节水灌溉技术工作的人员使用外，还可供高等院校相关专业师生在教学和科研工作中参考阅读。

图书在版编目（CIP）数据

温室膜下滴灌作物需水量计算方法及应用/葛建坤著. —北京：科学出版社，2018.10

ISBN 978-7-03-059164-7

Ⅰ. ①温… Ⅱ. ①葛… Ⅲ. ①温室栽培-滴灌-作物需水量-计算方法 Ⅳ. ①S311

中国版本图书馆CIP数据核字（2018）第240995号

责任编辑：杨光华/责任校对：董艳辉
责任印制：彭 超/封面设计：苏 波

科学出版社 出版
北京东黄城根北街16号
邮政编码：100717
http://www.sciencep.com

武汉首壹印务有限公司 印刷

科学出版社发行 各地新华书店经销

*

2018年10月第 一 版 开本：B5(720×1000)
2018年10月第一次印刷 印张：9 3/4
字数：201 000

定价：78.00元

（如有印装质量问题，我社负责调换）

前　言

日光温室(也称大棚)是我国近十多年来发展优质设施农业和高效节水型农业的一个重要组成部分。其特点是保温好、投资低、节约能源，非常适合我国经济欠发达农村使用。对于温室膜下滴灌作物，确定室内作物需水规律及需水量计算方法，是实施节水灌溉和科学制定灌溉制度的最根本保证。为了充分发挥大棚等农业设施的保墒节水效果，必须对大棚等设施栽培条件下主要蔬菜作物的需水量计算方法进行深入的研究和探讨，其研究成果不仅能为温室作物制定科学合理的节水灌溉制度提供指导，也对我国节水高效型设施农业的发展具有重要的意义。

目前，国内外已出版的同类书籍在各类温室栽培条件下，基于不同目的对温室或大棚作物的蒸腾规律、需水特性及室内小气候变化特征等进行了大量研究，并取得了诸多成果。但由于世界各地农业设施的类型较多和应用范围较广，上述研究成果都具有明显的地域性和分散性特点，特别对我国广泛发展的温室膜下滴灌条件下的作物需水量计算方法尚未有普遍统一的理论成果可寻。因此，本书结合日光温室蔬菜种植的生产实际情况和自然条件，以温室膜下滴灌主要蔬菜作物为研究对象，以降低农业用水、提高设施农业水资源利用效率和蔬菜作物综合生产能力为目标，综合应用现代信息处理技术，结合田间试验，对温室膜下滴灌作物需水量计算模型及求解方法进行深入探讨和研究，为我国日光温室膜下滴灌作物制定合理的节水灌溉制度和科学的灌溉管理奠定理论基础。

笔者在撰写本书的过程中，从专业要求出发，力求加强基本理论、基本概念和基本技能等方面的阐述。本书得到了国家自然科学基金项目(51709110)、河南省科技计划项目(162300410138)、河南省高等学校重点科研项目(18A570005)以及河南省高校创新团队支持计划(19IRTSTHN030)的资助；华北水利水电大学刘增进教授和武汉大学罗金耀教授、罗玉峰教授对本书进行了系统的审阅，提出了许多宝贵的修改意见；华北水利水电大学连娜老师以及研究生刘艳飞、蔡超谛等参与了本书的文字图表处理等工作，在此一并表示衷心的感谢。

由于作者水平有限，书中难免存在疏漏之处，恳请读者批评指正。

作　者

2018 年 6 月

目　　录

第1章 绪 论

1.1 研究意义与目的

我国是一个人多地少、水资源相对紧缺的国家，在我国人均水资源占有量仅有约 2300 m^3，约为世界人均水平的四分之一[1]。目前，随着农业现代化进程的加快和工业用水的不断增加，水资源紧缺已经成为制约我国农业发展的瓶颈。我国是一个农业大国，农业是用水大户，农业用水占总供水的 80%左右，其中又以农业灌溉为主，因此，我国农业必须走节水之路[2]。20 世纪 90 年代以来，我国在减少农业灌溉用水的无益损耗、提高灌水质量和灌水效率的同时，加大了开发和推广节水灌溉技术的力度。其中，利用设施农业种植经济作物(以蔬菜为主)是近几年来发展优质高效节水型农业的一种重要模式[3]。

我国开展设施农业栽培技术具有非常悠久的历史，根据历史记载，自汉代以来就已经开始使用温室来进行蔬菜种植，但是直到清代末期，才出现了真正意义上的现代温室[4-5]。新中国成立后随着我国农业结构的不断完善和发展，温室大棚得到了快速发展。据统计[6]，1998～1999 年全国蔬菜人均占有量为 59 kg，设施蔬菜人均占有量是蔬菜人均占有量的 20%，截至 2017 年，全国设施农业面积已发展到 370×10^4 hm^2，预计到 2020 年全国设施园艺面积将超过 400×10^4 hm^2，设施农业的发展将发挥更大的作用[7-8]。近年来，随着经济社会的不断发展，农产品购销体制和价格体制的改革与完善，农村经济结构的调整，特别是经济体制的确立和运行，以及人们生活水平的不断提高，设施农业作为高新技术产业，必将得到长足发展，在农村经济发展中的地位和作用也会越来越突出[9]。

设施农业是指在采用各种材料建成的，对水、肥、气、热、光等环境因素具有控制作用的空间里，进行农作物栽培的农业生产方法[10]。设施农业突破了传统农业的耕作方式，能够营造或部分营造作物生长的环境，使作物免受恶劣气候的影响，同时可靠的农田水利设施和环境控制系统可以提高农作物抵抗自然灾害的能力，降低自然风险，实现全天候(或反季节)生长，从而大大提高产量。设施农业本质在于创造并保持可控制性作物生长环境，以获得最佳的作物生产和最高收益，使人为控制作物生产环境的程度更大，同时也促使农业种植结构发生变化，为市场提供大量花卉和反季节蔬菜，具有相当明显的经济效益和社会效益[11-12]。温室栽培在农业生产中的意义主要有以下几方面。

(1) 调节市场供应。利用日光温室生产喜温性蔬菜，能够周年生产、周年供应，旺季、淡季差距极小。

(2) 提高产量，增加产值。利用保护地设施进行作物栽培，延长了作物的生长时间，创造比露地更为适宜作物生长发育的温、光、水、气等环境条件，产量一般较露地栽培有很大的提高。

(3) 充分利用土地。保护地生产使寒冷冬季的冬闲地得到利用，进行正常的作物生产。利用保护地设施进行无土栽培使非耕地可以种植作物，扩大了耕地面积。同时，保护地生产能够充分有效地利用庭院、墙边、河沿、坡地等建造塑料日光温室及大、中小拱棚等，来发展生产出优质的园艺产品，获得显著的经济效益[13-14]。

(4) 实现无公害生产的途径之一。保护地生产是在一定的设施空间内进行的，在冬季、早春、晚秋，外界气温很低，病虫害无法传染到保护地中，所以病虫害较少，只要早期及时采取综合的生产防治措施，就能够大大降低病虫害的发生率，避免多次大量喷药，减少污染，达到新鲜、优质、无公害生产。

(5) 保护地设施农业的发展，是实现传统农业向现代农业过渡的重要途径。保护地生产中，利用了一系列高科技、高水平的现代化管理技术，并能够微机控制，实现了省力、节能、高效的生产目的，是现代化农业生产的必然方式。所以保护地栽培不仅具有明显的社会和经济效益，而且其前景广阔，意义深远。

由于农业设施内土壤耕层不能直接利用天然降水，而要依靠人为灌溉来补充水分，在大型的保护设施内实现周年生产的栽培制度下，如果仍然采用传统经验灌水，不仅会使灌溉水浪费严重、灌溉水利用率低，还会使设施内环境恶化，导致设施内湿度过高，抑制叶面蒸腾，同时易引发病虫害，导致作物品质、产量的下降[15]。不合理的灌溉加上杀虫剂等农药的使用，往往导致土壤和水的严重污染，影响了水资源和土地资源的可持续利用[16]。因此，研究设施农业节水灌溉理论与技术，在设施农业中选择适宜灌溉技术，探求作物需水规律与科学的灌溉制度，研究保护设施内水热运移规律，对于提高设施农业科技含量，发展节水农业，实现两高一优农业显得尤为重要[17]。

掌握设施栽培作物的需水规律和需水量计算方法是实施设施内节水灌溉模式和制定灌溉制度的最根本基础，尤其是节水灌溉条件下设施栽培的蔬菜、瓜果等经济作物的需水规律研究，对于发展节水高效农业有着极为重要的现实意义[18-20]。为了充分发挥温室大棚等保护地保墒节水效果，研究温室大棚等设施农作物需水规律，开展保护地栽培条件下作物需水量计算方法研究具有重要意义。同时，节水灌溉条件下温室大棚作物的需水规律研究也是当前农业节水的研究重点之一[21-22]。

针对我国近年来设施农业面积增加较快的状况，开展温室大棚条件下蔬菜需水量和需水规律研究，探索节水灌溉条件下温室作物需水量计算方法，不仅可为设施农业发展和灌溉用水管理提供数据资料，还可为温室作物节水灌溉模式实施与节水灌溉制度制定提供指导。研究温室节水灌溉条件下作物水分关系及其水热运移规律，探索温室作物需水规律与科学的节水灌溉制度，对于实现“精、准”灌溉、提高产量、改善品质、提高温室农业科技含量和发展节水农业，具有十分重要的实用价值和科学意义。

1.2 相关概念及说明

1.2.1 我国主要栽培设施类型

设施农业经过多年的发展，目前种类有很多，较为常见的保护设施类型有防雨棚、中小棚、塑料大棚、节能日光温室、玻璃温室和连栋大棚等。其中，节能日光温室和塑料大棚是最适合我国国情的两类高效节能蔬菜保护地栽培设施[23]。

1. 节能日光温室

节能日光温室是在20世纪90年代，根据我国的具体国情而自行研发的一类经济适用型农业保护地设施。节能日光温室除了冬春季节用于蔬菜、花卉的保温和越冬栽培外，还可更换遮阴网用于夏秋季节的遮阴降温和防雨、防风、防雹等。它能够营造或部分营造喜温蔬菜作物生长的环境，使其免受恶劣气候等自然环境的影响；同时合理的灌排和对环境的调控可有效提高作物抵抗自然干扰的能力，实现全天候(或反季节)生长，从而大大提高产量和质量[24,25]。节能日光温室内一般不需要专门的供暖和加热设施就可以满足作物对温度的要求。国内首座智能化塑料连栋温室于 1997 年 3 月在上海设计并建成，该类型温室中配备了许多造价低廉、性能可靠的设备，能够实现对室内多种环境要素的自动控制和调节；由辽宁首次研制成功的高效节能日光温室，在室内提供了机械卷帘、卷膜、滴灌和地中热交换等综合配套设备，具有良好的经济适用性(造价 72 元/m^2)，能够在室内外温差达到 30℃的条件下，实现无须加温正常生产喜温果菜；华北型连栋塑料温室由中国农业大学于 1988 年研发成功，该类型温室集合了双层充气膜覆盖、湿帘风机降温系统和地中热交换系统等先进的技术，使能耗降低了 40%，它的造价较低(345 元/m^2)，充分说明了该温室具有良好的经济适用性[26-28]。

2. 塑料大棚

塑料大棚是随着塑料工业发展起来的一种简易实用的保护地栽培设施，通过塑料棚室的覆盖作用，将太阳辐射能量予以储存，保持热能，能使地温提高 1～9℃，并通过卷膜、通风等措施能在一定范围调节棚内的温度和湿度，有利于进行超时令、反季节的作物栽培，这种模式甚至被专业领域称为中国的“第五大发明”，被世界各国广泛采用，也是我国近十多年来发展优质设施农业和高效节水型农业的一个重要组成部分。近些年来，我国不断加大推广和发展设施农业与节水型农业的力度[29, 30]，塑料大棚作物(主要为蔬菜)栽培正是为适应这种要求迅速且大规模兴起的。

1.2.2 温室大棚内节水灌溉技术

温室内的灌溉技术应以调控设施内的水分环境为重要依据[31-35]。试验表明，如果在温室内采用传统的地面灌水技术(沟灌、畦灌)，将对温室作物的生长环境产生非常不利的影响，由于温室环境相对封闭，地面灌溉水量蒸发的水汽大部分滞留在室内空气中无法排出，湿度过大不仅会严重阻碍作物的生长，还会大大增加病虫害的发生率。近年来，微喷灌、滴灌、膜下滴灌等灌水理论和技术都得到了快速的发展，并在温室生产中取得了良好的灌水效果[36, 37]。

1. 灌水技术对节水、增产及病虫害发生率的影响

国内众多专家学者对温室大棚作物的节水灌溉技术展开了研究。有关研究结果表明，滴灌、微喷灌和多孔管喷灌与传统的沟灌相比具有明显的节水效果，并降低空气湿度，这有利于缩短夜间结露时间，以及减少病虫害的发生[38-42]。张树森等[43]研究表明，在温室内采用渗灌的灌水技术比使用沟灌、管灌和滴灌的情况节水效应更加显著，与后三者相比渗灌可以节约 50.7%、43.1%和 11.9%的水量，不仅如此，在温室渗灌条件下还可以达到降湿、避病、增产的目的。诸葛玉平等[44]指出，大棚番茄室内采用渗灌技术不仅可以满足作物根系的需水要求，增加根系层土壤的通气性，还能有效减小棵间土壤蒸发，避免了传统地面灌溉方法的不良影响，节水和增产效果明显。

2. 灌水技术对作物水热条件及根区盐分的影响

梁称福[45]研究表明，滴灌用于温室大棚中节能 30%，同时可明显降低湿度，保持冬季地温，使棚内冬季灌溉见不到雾气。Lomas 等[46]对三种灌水方法(喷灌、滴灌和地下滴灌)对马铃薯叶温的影响规律进行了比较分析，分析结果表明，马铃薯叶表面温度与周围空气温度和室内水汽张力相关性显著，并提出可以通过观测作物叶表面温度变化规律来判别不同灌溉技术条件下的作物生长状态。Bogle 等[47]用番茄作试材，对地下滴灌和沟灌对土壤中水盐的影响进行了比较，结果发现采用高频少量的滴灌方式，可以有效地减少大棚番茄土壤中盐分堆积的现象。

3. 灌水技术与施肥的耦合效应

不同的灌水技术或方法会使土壤水分状况出现很大差异，土壤水分状况的改变，最终引起养分的运移和分配发生改变，所以说施肥与灌水技术或方法是紧密相连的。国内外很多学者对如何降低土壤层的养分流失、提高作物根系的养分吸收率、减少施肥对环境的污染及优化水肥耦合关系等进行了大量研究。例如，Na 等[48]对膜下滴灌塑料大棚番茄施肥效应进行了试验研究，试验中大棚番茄计划湿润层深度取为 30 cm，研究指出当土壤中具有 98%和 80%的田间持水量时如果对番茄进行膜下滴灌灌溉，对应的氮肥用量分别为 300 kg/hm^{2}和 150 kg/hm^2。Omran[49]指出滴灌和沟灌大棚辣椒的植株叶片与果实养分的浓度均随有机肥用量的增加而升高，而植株对养分的吸收受根区水分含量的影响。

我国还处在实施农业发展的初期阶段，温室大棚作物的单位产值还远远低于发达国家。温室内节水灌溉技术和方法也相对落后，灌水定额为 9000～12 000 m^3/hm^2，水分的利用率只有 40%左右。落后的灌水技术还会对温室环境造成很大影响，使大棚设施的节水增产作用得不到充分发挥，在这方面国内外都开展了大量的试验研究[50-54]。例如：温室作物在膜下多孔管喷灌和微喷灌、沟灌及滴灌、膜下沟灌与畦灌的比较试验；温室黄瓜滴灌的试验研究；采用日光温室渗灌技术，改善温室小环境等。试验结果表明，采用先进的灌水技术，在节水、增产和提高作物质量方面都有明显的效果。

1.3 温室栽培中存在的主要问题

温室内土壤耕作层不能直接利用天然降水，需要依靠人为灌溉补充水分[55-58]，如果继续采用传统的地面灌溉方式(沟灌、畦灌)不仅对水资源是一种浪费，还会使温室内出现高温高湿的状况，高温高湿的温室环境会大大提高病虫害的发生率，最终导致温室蔬菜品质和产量的下降[59-61]。为了解决这些矛盾，温室内的灌溉方式一般以滴灌为主，尤以膜下滴灌的应用最为普遍[62-64]。膜下滴灌是将滴灌管铺设在膜下，以减少土壤棵间蒸发，提高水的利用效率，并可进一步保持地温和土壤墒情，降低棚内湿度，从而有效地遏制杂草生长和病虫害的发生。这项栽培技术不仅改变了传统的农业栽培技术和耕作方式，而且改善了田间土壤水、肥、气、热等状况和作物生长环境，对于作物节水、增产、提高产品质量，都具有十分明显的现实意义。对于膜下滴灌温室作物，如何制定合理的灌溉制度成为实施节水灌溉技术和提高节水效果的关键问题。

确定温室作物需水量及需水规律，是实施节水灌溉和制定灌溉制度的最根本保证。为了充分发挥温室等保护地的保墒节水效果，首先必须对温室等保护设施栽培条件下主要蔬菜作物的需水规律、需水量计算方法进行深入的研究和探讨，其研究成果不仅能为温室作物制定科学合理的节水灌溉制度提供指导，对我国节水高效型设施农业的发展也具有一定的现实意义[65-67]。对于大田作物的需水量及需水规律的研究，国内外(尤其是我国)众多学者已经做过很多工作，积累了许多成熟的试验研究方法和经验，并取得了大量的具有实用水平的成果[68-70]。但是到目前为止，关于设施栽培条件下的主要蔬菜，特别是关于温室大棚膜下滴灌作物需水量及其计算方法的研究成果并不系统，已取得的一些成果一般都局限于特定的气候条件及特定的温室类型，研究成果尚不能在全国范围内得到推广应用。理论研究成果对这一领域的支撑作用显得苍白无力，这与我国节水农业发展对科学技术的要求极不相称，迫切需要就这一问题开展系统的试验研究。因此，寻求一类适合我国温室大棚膜下滴灌作物需水量计算模型，提高对温室作物需水量计算和预测的精度，已成为当务之急。

另外，与露地相比，温室内作物的生长环境发生了很大的变化，温室中的土壤-植物-空气连续(soil-plant-atmosphere continuum，SPAC)系统基本为一个封闭或半封闭的系统，SPAC 系统中的 atmosphere 主要指的是大气系统，其主要要素是太阳辐射、风速风向、气温和水汽含量等，而温室内空气系统与室外大气系统有着较大的差异，它在保温时则为封闭的无风状态，其空气系统要素包括温室内的光照、温度、湿度、CO_2 含量等，相对稳定，这些要素在一定程度上又可进行人工调控，如灌溉、排水、通风、卷帘保温等，其中进行任何一个要素的操控必然引起其他要素的改变，因此它们又具有瞬变性，这种特点构成了温室空气环境系统与室外大气系统的显著差异[71-75]。为区别和明确起见，本书将温室空气系统定义为温室环境系统，露地广义的 SPAC 系统在此称为土壤-植物-环境连续(soil-plant-environment continuum，SPEC)系统。与室外 SPAC 系统相比较，温室 SPEC 系统内小气候效应显著：①室内光照强度弱于室外；②棚内空气流动性差，风速常接近于零；③空气温湿度高于室外，存在强耦合性；④无法利用天然降水，必须依靠人工灌溉来补充水分。鉴于温室系统与露地作物生长环境系统的区别，本书将温室作物生长及其环境系统定义为温室生态环境系统。温室生态系统的因素构成及其关系十分复杂，不仅与室外气象要素(如太阳辐射、风速风向、大气温度与大气湿度等)有着密切的关系，而且与室内生产条件(如作物种类及作物生长状况、土壤含水量、土壤温度、空气温度和湿度、CO_2 浓度、施肥水平等)密切相关，还与生产管理措施(如灌溉排水、通风去湿、地膜、卷帘保温等)密切相关[49,76-82]。它们的共同作用构成了温室 SPEC 系统，这些要素相互作用、相互影响，其中任何一个要素的改变，必然引起其他要素的改变(图 1-1、图 1-2)。可见，在这种环境下要确定温室内作物需水量的变化规律及其计算方法是很困难的。

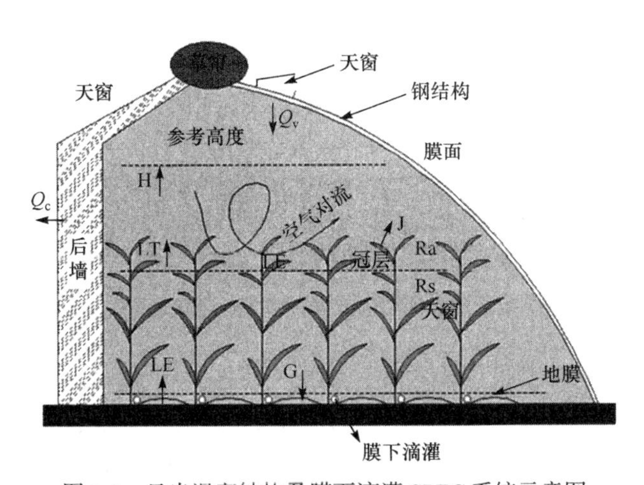

图 1-1 日光温室结构及膜下滴灌 SPEC 系统示意图

针对我国近年来设施农业面积增加较快的状况，开展温室大棚条件下蔬菜需水规律和需水量计算的方法研究，探索节水灌溉条件下温室作物需水量与灌溉制度，不仅可为设施农业发展和灌溉用水管理提供数据资料，还可为温室作物节水灌溉模式实施与节水灌溉制度制定提供指导。研究温室节水灌溉条件下作物水分

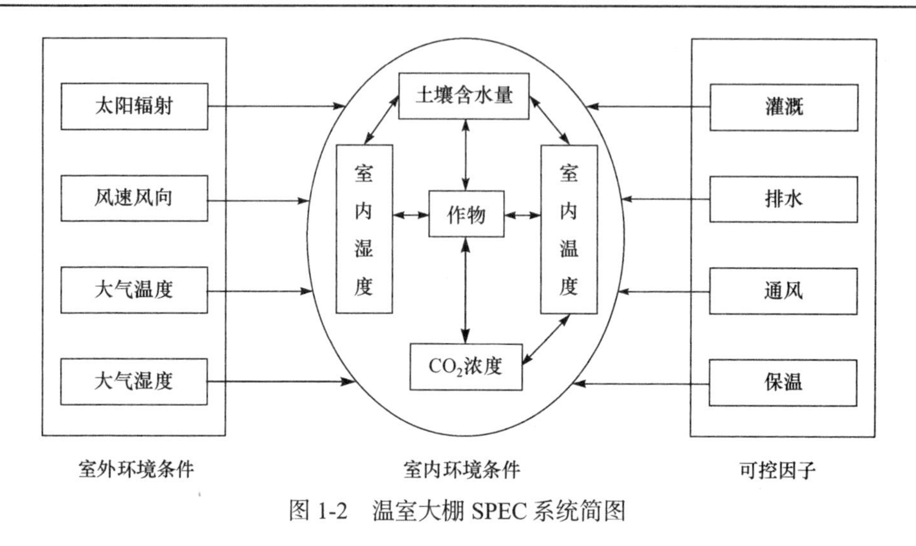

图 1-2 温室大棚 SPEC 系统简图

关系及其水热运移规律，探索温室作物需水规律与科学的节水灌溉制度，对于实现“精、准”灌溉和提高产量、改善品质、提高温室农业科技含量和发展节水农业，具有重要的科学意义和实用价值。

1.4 国内外研究现状与进展

1.4.1 膜下滴灌的节水效应

膜下滴灌可以很好地调节土壤的盐、水、热状况。李毅等[60]把膜下滴灌技术用于干旱—半干旱地区，对传统盐碱地开发与改良的缺陷和不足进行了分析，提出了用于干旱—半干旱地区的盐碱地开发与改良的膜下滴灌技术，并通过实践证明了该技术良好的洗盐、节水和生产效益。Tindall 等[54]研究了滴灌条件下番茄覆膜对土壤的保墒作用，认为覆膜不但减少了灌水量，而且在改善产品质量的同时提高了产量。Battikhi 等[83]对西瓜的产量、土壤特性的影响及其膜下滴灌节水效应进行了试验，试验研究认为覆膜具有很好的保墒、保温、节水、改善环境等作用，产量也比不覆膜情况下有显著提高。此结论已经在我国学者对大田作物的相关研究中得到证实。张朝勇等[84]针对膜下滴灌条件下棉花土壤温度的动态变化规律展开了研究，其有关覆膜作用的结论与上述研究结果一致，即膜下滴灌与传统的沟畦灌相比，可以增加土壤储水，减少地面蒸发，调节土壤温度，降低耗水，减少灌溉水的深层渗漏，提高水分利用率，保持土壤肥力，增加作物产量。

膜下滴灌在节约用水的同时也创造了适宜作物生长发育的生态环境。

但是关于温室大棚及其地膜覆盖、膜下滴灌节水效应的研究，到目前为止还未见到系统化的理论研究或实用成果。

1.4.2 温室大棚内的微气候环境

作物的生长发育受到日光温室内的温、湿、光、气、土五个环境因素的综合影响，当其中某一个因子发生变化时，其他因子也会随之发生变化。例如，当光照充足时，室内温度会升高，植物蒸腾加快，从而引起空气湿度加大，如果此时开窗通风，各环境因子又会出现一系列的变化，因此室内气候是一个多输入多输出、非线性、强耦合强时变、大时延交互影响的动态环境，对复杂的温室微气候动态系统建模并进行数值模拟，对提高室内作物需水量模型的精度很有帮助，如果能精确控制温室内环境，便可为作物的生长创造最适宜的生态环境。

相关研究工作以经验总结成果为主，系统的理论研究很少。采用一定的增加光照、调温设施和通风去湿等措施，模拟温室微气候的变化，可以取得一些变化规律，该方法可供温室环境的调控参考。李元哲等[34]对日光温室的微气候进行了模拟与试验，研究结果表明，对日光温室微气候进行适当调控，可以提高作物产量和品质。Yang 等[85]研究了黄瓜在温室微气候条件下的蒸腾规律，认为黄瓜蒸腾受温室微气候变化的影响很明显，其中温度和光照起决定性作用。文献[86-88]分别对日光温室内的光照分布、变化规律及作物种植制度的影响展开了研究，研究成果对温室内作物需水规律及影响因素的研究具有一定参考价值。李良晨[37]研究了塑料大棚内外的温度关系，研究结果表明，大棚内外的温度具有良好的相关性。

1.4.3 膜下滴灌土壤水分运动及水肥调控

冯绍元等[89]对大棚滴灌线源土壤水分的运动规律进行了数值模拟，取得了丰富的理论和实用成果，对制定合理有效的灌溉制度和充分利用温室水、肥、气、热等资源具有很好的指导意义。王舒等[90]研究了日光温室滴灌条件下滴头间距和滴头流量对黄瓜生长产生影响的机理。研究结果表明，滴头间距和滴头流量对土壤含水量的影响很明显，而黄瓜的生长状况取决于土壤含水量，因此应该根据土壤水分状况来选择合理的滴头间距与滴头流量。康跃虎等[91]的研究表明，土壤含水量的高低对马铃薯生长的影响显著，滴灌可有效地调控土壤的含水量。刘祖贵等[92]的研究指出，合理的水肥调配施用能够明显地提高温室滴灌番茄的水分利用效率和产量。柴付军等[93]的研究表明，膜下滴灌土壤水盐的分布和棉花生长受灌水频率的影响较大。邹志荣等[33]指出日光温室热量变化与温度变化关系密切。Dodds 等[74]的研究表明，果实质量和产量与灌水定额及土壤含水量有很密切的关联，同时可通过合理控制地下水位来提高番茄的品质与产量。这些研究成果说明，合理控制土壤含水量、施肥、光照、环境温度等，有助于改善果实的品质，提高作物产量。但对如何实现合理控制及如何与膜下滴灌的节水效应相联系，还需要进一步研究。

1.4.4 温室大棚内灌溉制度

为了节约用水、提高作物产量和品质必须采用科学合理的灌溉制度，灌溉制度的基本技术参数包括灌水定额、灌水历时和灌水次数。国内外大量研究表明，可以根据作物蒸散量、土壤计划湿润层深度和渗漏量等来确定灌水时间和灌水定额。Chartzoulakis 等[50]对温室茄子滴灌的用水量和产量进行了研究，研究结果表明，当灌水量采用 ET_m(最大蒸发蒸腾量)的 85%时，对茄子产量没有什么影响，而当灌水量采用 ET_m的 65%及 40%时，茄子的产量分别降低 35%和 46%，且坐果率明显降低。Mannini 等[72]研究了滴灌对地中海贫瘠陆地甘蓝的影响，研究认为采用彭曼公式计算的蒸散量的 1.45 倍是最佳灌水量。Harmanto 等[76]对热带西红柿滴灌需水量进行了研究，研究结果表明，Tory489 西红柿的最优需水量约为作物蒸发蒸腾量的 75%，此时，西红柿的实际灌水量应当在 4.1～5.6 mm/d。杨启国等[94]对甘肃节能日光温室蔬菜灌溉的用水量进行了研究，研究结果表明，越冬茬的西红柿、西瓜、黄瓜等滴灌用水量分别为 570～590 mm、481～550 mm、580～610 mm。曾向辉等[95]对番茄滴灌制度展开了研究，研究结果表明，番茄苗期、开花坐果期和结果期的计划湿润层深度应分别为 25 cm、30 cm 和 40 cm，适宜的土壤含水率范围分别为 55%～70%、65%～85%和 70%～90%。徐淑贞等[96]研究了日光温室滴灌番茄水分生产函数，研究过程采用 Jensen 连乘模型得到各生育阶段的水分敏感指数，并结合生产实践推荐了最佳灌溉定额，达到了优化灌溉制度的目的。孙俊等[70]通过试验分析，指出大棚外日平均气温累计值与作物需水量存在良好的关系，可作为指导大棚滴灌的依据。

土壤水分适宜的上下限[97-98]通常由田间持水量和凋萎系数等重要的水分参数来表示，然而作物对土壤水分最敏感的是土壤水分的能量状态，而不是土壤水分的绝对值。因此，也有不少学者建议采用土壤水分张力、土壤水势等能态指标对土壤的含水量[99]进行控制。

(1) 不同地区、种类及不同的生育阶段，灌水下限会有所不同。初期以营养生长为主，土壤水势可适当定高一些，以后可定低一些以增加供水，这样既可节约用水，又能获得高产。诸葛玉平等[44]对大棚番茄渗灌灌水指标的试验研究表明，在番茄全生育阶段，在土壤含水量为田间持水量的 80%时开始灌溉，此时产量最高；而 Borin[51]认为番茄的灌水起始点应为田间持水量的 68%，此时才有利于番茄的发育和产量的提高。栾雨时[100]认为大棚黄瓜在土壤水势达到330 mmHg 时开始灌水产量最高；李远新等[101]认为 PF2.3 可作为大棚甜瓜采秧期的灌水指标。

(2) 传统的作物栽培和试验研究通常将田间持水量作为土壤水分上限，甚至是将饱和含水量作为土壤水分上限，但是对于半封闭的大棚种植环境而言，过多的灌水不但浪费了水资源而且造成温室大棚土壤及空气温湿度过大，病虫害增多，不利于大棚作物的正常生长发育。因此，有学者对灌水上限是否必须为田间持水量的 100%进行了研究[102]。李建明等[103]的研究表明，当番茄灌溉的最佳土壤含水量上限为 90%的田间持水量时，有利于增大植株干物质积累，提高壮苗指数，增强光合速率、根系活力，增大蒸腾速率；随后他们又对番茄开花坐果期灌溉土壤水分上限进行了试验研究，研究结果表明，灌溉上限为田间持水量的 85%～90%时有利于番茄的生长。还有学者针对温室辣椒在开花坐果期的灌溉上限进行研究，研究结果表明，灌溉上限为土壤相对含水量的 90%有利于提高茎粗、叶面积、坐果率及前期产量，在盛果期，灌溉上限为土壤田间持水量的 95%有利于提高光合速率、水分利用率及产量。

(3) 灌水状况不仅会影响作物生长的土壤水分状况，还会对植株自身的水分生理状况起到调节作用，因此在将土壤水分状况作为灌溉指标的同时，也要考虑反映植物水分状况的生理指标，如叶片相对含水量、叶片水势、叶片自由水、细胞液浓度和叶片蒸腾强度、叶片扩散阻力、叶片气孔开度、束缚水含量及植物伤流量等。例如：Schoch 等[53]将水分供应状况用茄子茎粗的变化来表示，并将其作为人工控制条件下温室栽培的一个有用的灌溉指标。王绍辉等[104]对日光温室黄瓜在不同土壤含水量条件下的生理特性进行了试验研究。试验研究表明，在土壤含水量达到饱和含水量的 85%～90%时，由于气孔阻力较小，根系活力和光合速率增强。因此，从水分利用的角度考虑，适当降低灌水上限，在减少无效的水分消耗、提高水分利用率的同时还可以提高产量。但是以上这些工作大多是关于不同水分处理对蔬菜水分生理、生育性状和产量影响的研究，所得结论存在一定的经验性和局限性。

(4) 近年来开始采用数值模拟方法研究温室微灌土壤水分的运动规律，在充分利用温室气、热、水、肥等资源及制定合理的灌溉制度方面都取得了较大的进展。一些学者在蒸散与蒸腾模式及黄瓜根系吸水模式方面进行了研究。王绍辉[105]基于土壤水动力学理论建立了土壤水分动态的数值模型，利用该模型模拟黄瓜等生育期土壤水分动态，并对不同灌溉量和土壤不同初始含水率对土壤水分动态的影响进行了数值分析，为指导日光温室黄瓜生产中的合理灌溉问题提供了理论依据和量化指标。冯绍元等[89]针对西红柿生长条件下温室地表滴灌剖面二维土壤水分运动状况建立了数学模型，该模型采用交替方向隐式差分法和高斯-赛德尔法进行求解，并对所设置的两种典型灌水方式处理下的土壤水分分布进行了分析，研究结果表明，温室土壤水负压的计算值与监测值较为一致。

灌水的目的是要适时适量地根据作物生长发育需要进行供水，因此仅将适宜土壤的含水量作为作物的供水指标并不能及时、直接和客观地反映作物体内的实际水分状况，而将其与作物的水分生理指标结合起来研究是解决作物需水量和灌溉制度的较好途径，但由于实现难度较大，至今还未取得实质性进展[106]。因此，在更多的试验研究中寻求理论方法，据此为温室膜下滴灌作物确定在节水条件下的灌溉制度，是设施农业亟待解决的主要问题之一。

1.4.5 温室作物需水规律和需水量

国内外关于温室大棚主要作物的需水规律及需水量计算方法的研究有很多，并取得了初步成果。有研究表明，温室大棚番茄、茄子等蔬菜作物的需水规律主要与气温和太阳辐射有关，且成正比，作物的蒸腾主要受温室内太阳净辐射和空气饱和水汽压差(vapor pressure difference，VPD)的影响，而受CO_2浓度、加热管的温度和营养液传导率的影响较小。这些成果主要基于对试验观测结果的分析，对温室作物需水量确定有一定参考作用。温室作物的水分散失主要通过叶片蒸腾和地表蒸发实现(薄膜覆盖除外)，对于番茄等蔬菜类作物，这种反应尤为敏感，仅有定性的研究分析是远远不够的，所以建立能够精确计算棚室蔬菜需水量的模型成为作物水分研究的热点问题之一。

1. 温室大棚作物需水规律研究现状

1) 蔬菜类型对需水特性的影响

各类蔬菜的生态习性和适应特征的不同造成其自身形态构造与生长季节均不相同。生长期叶面积大、生长速度快且根系发达的蔬菜需水量较大；反之，需水量较小。作物体内蛋白质或油脂含量多的蔬菜比体内淀粉含量多的蔬菜需水量多。另外，不同品种的蔬菜之间需水量也存在差异，如耐旱和早熟的品种需水量相对少一些。对蔬菜需水临界期的研究表明，临界期蔬菜原生质的黏度降低后，新陈代谢会增强并引起生长速度的加快和需水量的增加，这时若能充分供水，不仅可以提高水分的利用效率，还能促进蔬菜的生长发育。一般情况下，幼苗期和接近成熟期的蔬菜需水量较少，而生育中期的蔬菜生长旺盛，需水量最多，对缺水最敏感，对产量影响最大。大多蔬菜的需水临界期在营养生长和生殖生长阶段，如番茄花的形成和果实膨大阶段等，都要确保水分的充足供应。据报道，在新西兰的 Papadopoulos 温室内西红柿需水量的年变化范围为 0.5～0.9 m^3/m^2。Soria 等[55]认为在土壤水分盐度不同的情况下，温室西红柿需水量日变化范围为 0.19～1.03 L/d。王新元等[107]指出，从番茄定植于大棚到作物枯萎，每盆黄瓜的总耗水量为 11～19.6 kg，日平均耗水量为 4.3～8.3 mm，水分利用率为 0.038～0.066 kg/m^3。

2) 自然气候条件对需水规律的影响

由于地区水文地质、土壤、气候等条件的不同，蔬菜需水状况也存在差异。气温高、日照强、空气干燥、风速大都会引起叶面蒸腾和棵间蒸发的增大，从而使作物需水量增大，反之则减小。彭致功等[69]使用径流计测定日光温室类茄子植株蒸腾速率，对茄子的茎流变化规律进行了研究。研究发现茎流的变化总是紧随太阳辐射的变化而发生规律性变化，高水分处理的茎流要比低水分处理的大，不会受天气条件的影响。同时他们运用回归分析法建立了环境气象因子与蒸腾之间的数量关系，此数量关系不但可以用来揭示植物水分生理变化受环境气象因子的影响，而且可以利用气象参数进行日光温室茄子需水量的预测。汪小昆等[80]的研究表明：温室黄瓜蒸腾速率与辐射强度和饱和水汽压差(vapor pressure deficit, VPD)呈现线性正相关的关系，但蒸腾速率日最大值的出现时间比净辐射晚，与 VPD 较为一致。Yang 等[102]通过现场试验和理论分析，对自然气候条件下大棚黄瓜、番茄等常规蔬菜采用滴灌的需水规律进行了研究；通过三个轮次的跨年现场试验和连续试验观测，对大棚内外主要环境因子的关系、大棚作物耗水量过程和需水规律进行了研究。

3) 其他因素

除气象因素外，作物在各生育阶段的需水特性不同，一般是幼苗期和成熟期需水量较少，生育中期需水量最多。徐淑贞等[96]对日光温室滴灌番茄需水规律进行了试验研究，试验研究表明：在水分适宜的条件下，日光温室早春番茄的需水变化规律为前期小，中期大，后期小。需水高峰出现在结果盛期，需水强度随气温的升高而增大，且与生育阶段密切相关。同时，作物耗水量还受到水面蒸发、土壤质地、团粒结构和地下水埋深等的影响。当土壤湿度保持在一定范围内时，蔬菜需水量会随着土壤含水量的增加而增加。

另外，通过合理深耕、密植和增施肥料的方法可以增加作物需水能力，但比例关系不是很明确；相反，采用日光温室、塑料大棚、中耕除草及中小弓棚等种植方式，能有效降低蔬菜的需水量。

2. 温室作物需水量计算模型研究现状

国内外关于露地作物需水量方面的研究方法很多，这些方法大致可以分为经验公式法、水汽扩散法、能量平衡法、参考作物法。目前，国际上较通用的作物需水量计算方法是通过计算参考作物蒸发蒸腾量 ET_0，结合作物系数来确定作物实际需水量。而计算露地参考作物需水量的方法也比较成熟，其中最为经典的计算方法是基于能量平衡原理和空气动力学原理的 Penman-Monteith 方程(P-M 方程)。对于温室蔬菜而言，虽然作物需水量的计算方法不能直接照搬露地作物现成的公式，但是露地情况下的计算原理可以拿来借鉴。

目前，有多种经验模型来估算作物需水量。这些方法大致可以分为经验公式法、水汽扩散法、能量平衡法、参考作物法。经验公式法有较强的区域局限性，其使用范围受到各种条件的限制。目前，国际上较通用的作物需水量计算方法是通过计算参考作物蒸发蒸腾量结合作物系数来确定作物实际需水量。就蔬菜需水量估算而言，国内研究较多的还是经验模型，而国外学者趋向于将能量平衡法应用于蔬菜需水量的估算。

Kano 等[31]建立了基于光合生理的经验腾发模型；Legg 等[32]提出了以植物密度、太阳辐射、水汽压为环境变量的经验蒸腾模型；Yang 等[102]认为成熟作物蒸腾速率主要取决于太阳辐射，并分别建立了紊流扩散模型：

$$\mathrm{ET} = (q_{叶} - q_{气}) / (r_a - r_c) \tag{1-1}$$

式中：$q_{叶}$、$q_{气}$ 分别为叶面和空气的相对湿度；r_a、r_c 分别为空气动力学阻力和气孔阻力。

Stanghellini[108]提出了受太阳辐射、叶片水汽压差、叶温和 CO_2 影响的气孔阻力模型，并根据能量平衡原理建立了叶面蒸腾模型，并用该模型与 P-M 方程进行了比较：

$$\lambda E = \frac{\rho c_p \mathrm{LAI}}{\gamma}\left(\frac{e_a^* - e_a}{r_c + r_a}\right) \tag{1-2}$$

式中：λ 为水的蒸发潜热；E 为蒸发率；LAI 为叶面积指数；e_a^*、e_a 分别为叶片饱和水汽压和室内实际水汽压；ρ 为室内空气密度；c_p 为空气定压比热容；γ 为湿度计常数；其他符号意义同式(1-1)。

计算温室作物蒸发蒸腾量最常见且较为合理的方法是以 P-M 方程为理论基础的计算模型，此类模型以水量平衡和水汽扩散理论为基础，既考虑了作物的生理特征，又考虑了空气动力学参数的变化，有较充分的理论依据和较高的计算精度。

Wang 等[109]认为作物气孔阻力取决于温室气候状况，并对紊流扩散模型和 P-M 方程模型进行改进，结果表明改进模型对白天和黑夜的模拟效果均好；Boulard 等[110]基于温室作物热量平衡，通过计算室内空气温度、湿度及作物温度，提出了简单温室作物腾发量的线性模型，但该模型只适用于室内外温差较低的夏季通风条件下无水分胁迫的成熟作物。

汪小昆等[80]采用 P-M 方程：

$$\lambda E = \frac{R_n' \Delta + (\rho c_p / r_a)(e_a^* - e_a)}{\Delta + \gamma(1 + r_c / r_a)} \tag{1-3}$$

式中：Δ为饱和水汽压随温度变化曲线的斜率；R_n'为冠层所得的净辐射；e_a^*、e_a分别为室内饱和水汽压和实际水汽压；r_c为冠层阻力；其他符号意义同前。

模拟南方现代化温室黄瓜在夏季高温高湿条件下的蒸腾速率，并通过对冠层微气候和蒸腾速率的观测，分析了影响蒸腾的主要温室环境因素。结果表明 P-M 方程模拟黄瓜夏季蒸腾速率结果较为可靠，且模型具有一定的鲁棒性。

然而不同的季节气候对同一研究模型可能产生不同的影响，罗卫红等[81]通过对冬季温室小气候和蒸腾速率与气孔阻力的试验观测，分析了冬季南方温室黄瓜蒸腾速率的变化特征及其与温室小气候要素之间的定量关系，确定了南方现代温室冬季黄瓜冠层阻力 r_c 和边界层动力学阻力 r_a 的特征值分别为 100s/m 和 600 s/m，并且采用实际变化的 r_c 与 r_a 值计算作物蒸腾速率和累计蒸腾量，以及用其特征值计算的作物蒸腾速率和累计蒸腾量，与实测值相比较，结果基本一致。

Seginer 等[35]把 P-M 方程与能量平衡结合起来，并修正了一些参数，得到改进的模型为

$$\lambda E = (A + B\zeta)\tau S_0 + B\theta \tag{1-4}$$

式中：ζ 和 θ 为常数；τ 为覆盖层太阳辐射利用率；S_0 为室外太阳辐射；其他符号意义同式(1-2)。

改进后的模型能自动适应无论是辐射、温度还是湿度的变化。在温室通风设计条件下，新的综合模型克服了以往只是定性地考虑腾发系数(植物截取太阳辐射通过蒸腾化为潜热的部分)的不足，且在装备有蒸发制冷系统的温室中得到了修正，并提出可以把室内空气温度或冠层温度作为设计标准，然而这种方法的可行性取决于 P-M 方程中 A、B 的可靠性。

一些学者[102,108]分别基于平流概念提出了塑料大棚气候条件下番茄、黄瓜、莴苣的蒸腾模型。他们认为作物蒸发蒸腾是作物冠层与室内空气之间进行水汽交换，主要取决于作物冠层接受辐射和室内饱和水汽压差的大小。在温度较低的冬季或“早春”等季节，作物生长期的绝大部分时间，由于温室大棚很少通风，作物表面释放的热量就会累积在室内，当室内气候表现为平衡状态时，作物的蒸腾速率也会随之变化直至达到一个稳定的蒸腾速率，此时作物蒸腾易受室内气候的影响，利用室内气候状况建立的模型精度较高且较为合理。

Harmanto 等[76]也赞同上述观点，他们在 P-M 方程的基础上，采用灌水量相

当于 100%、75%、50%和 25%的 ET_c(作物蒸发蒸腾量)四种肥水滴灌水平对热带温室西红柿的生产、产量及水分生产率的影响进行了试验，结果表明：Tory489 西红柿的最优需水量大约是 ET_c 的 75%，此时西红柿的实际灌水量为 4.1～5.6 mm/d；利用温室气象数据计算得到的 ET_c 相当于露天气象条件下计算得到 ET_c 的 75%～80%，建议应当用从室内小气候中直接测得的气象数据来计算作物蒸发蒸腾量。

但在晚春和夏季气温较高的条件下，温室要降温排湿，因而通风(自然通风)较频繁或者紊流混合强烈，叶表面的饱和水汽压差与周围空气的饱和差紧密相关，且后者受室外饱和差的影响，此时温室作物蒸腾更依赖于对流，Boulard 等[36]研究表明，在法国南部 5～7 月，温室西红柿蒸发蒸腾的 43%来自对流。因此，建立通风条件下的蒸腾模型时要同时考虑辐射和对流的影响。

Boulard 等[110]利用室内能量平衡和 P-M 方程推导出基于棚室外气象数据的温室作物需水量模型：

$$\lambda E = \frac{\delta(\lambda E + H) + 2\mathrm{LAI}\rho c_{\mathrm{p}} D_{\mathrm{i}} / r_{\mathrm{a}}}{\delta + \gamma(1 + r_{\mathrm{c}} / r_{\mathrm{a}})} \tag{1-5}$$

式中：δ 为温度-饱和水汽压变化曲线的斜率；H 为增热室内空气所消耗的显热；D_{i} 为室内空气饱和差；其他符号意义同式(1-2)。

从春季到夏季的过程中，受自然通风影响，室内与室外气候紧密耦合，用该模型计算结果较好；但当温室关闭时，室内外的气候条件相关性明显降低，用室外气象数据作为边界条件代替室内气象参数估计腾发量时精度就会降低。

Jones 等[111]建议在温室条件下，蒸发蒸腾预测方程中可以消除空气动力学项。他们认为 P-M 方程中辐射和空气动力学项相互关联，由于温室与露天环境不同(主要是风速很小，几乎接近于零)，应消减空气动力学部分。在通风量很小的情况下，这种温室蒸腾“消退”(decoupled)模型可能会被接受，但在通风设计条件下，上述假设就存在问题。因而很多研究者不赞同温室蒸腾“消退”观点，因为在计算得到 P-M 方程中的两项系数中，辐射与水汽压差是不相关的，这可能是由人为的各项温室控制性措施(如加热、降温、排湿)导致的。另外，雷水玲等[41]通过对温室作物周围环境微气象条件的连续观测，计算分析了温室作物叶-气系统水流阻力各分项，即叶片周围层流边界层阻力 r_{b}、冠层上方湍流边界层阻力 r_{g}、空气动力学阻力 r_{a} 和叶片气孔阻力 r_{i} 的变化规律。结果表明：温室内 r_{b} 比较稳定，平均约为 235 s/m，且与环境因素关系不甚密切；温室内黄瓜、西红柿类植物生殖生长期 $r_g \ll r_{\mathrm{b}}$ (r_g 仅占 r_{b} 的 1/56～1/8)，在计算 r_{a} 时，r_{g} 的影响可忽略，取 $r_{\mathrm{a}} \approx r_{\mathrm{b}}$，利用能量平衡方程和空气动力学方程得出的叶-气温差计算公式计算得到 r_{i}，符合其变化的一般规律。在此基础上用 P-M 方程计算得到的温室黄瓜的蒸腾速率与实测值的一致性较好。

孙宁宁[112]在 2005～2006 年鄂州节水基地温室作物需水量田间试验研究基础上，利用搜集的田间试验数据，在 P-M 方程的基础上，对其参数进行改进，分别建立了基于室内气象、室外气象的温室作物需水量计算模型，具体内容如下。

(1) 以能量平衡原理为基础，在温度较低的冬季或早春等季节，建立了基于室内气象数据的温室作物需水量计算模型：

$$\lambda E=\frac{R_{\mathrm{n}}^{\prime}\Delta+(\rho c_{\mathrm{p}}/r_{\mathrm{a}})(e_{\mathrm{a}}^{*}-e_{\mathrm{a}})}{\Delta+\gamma(1+r_{\mathrm{c}}/r_{\mathrm{a}})} \tag{1-6}$$

其中，利用能量平衡方程和空气动力学方程计算气孔阻力 r_{c} 的模型为

$$r_{\mathrm{c}}=\frac{r_{\mathrm{a}}\{\rho_{\mathrm{a}}C_{\mathrm{p}}[(\gamma+\delta)\mathrm{LATD}+\mathrm{VPD}]-R_{\mathrm{n}}r_{\mathrm{a}}\gamma\}}{\gamma[R_{\mathrm{n}}r_{\mathrm{a}}-\rho_{\mathrm{a}}C_{\mathrm{p}}\mathrm{LATD}]} \tag{1-7}$$

并且在田间试验基础上，采用该模型模拟温室番茄作物冠层蒸腾速率，还选择具有代表性的晴天和阴天进行不同天气蒸腾速率模拟，得到模拟蒸腾速率与实测值之间的相关系数为 R^2=0.77，标准误差 $\mathrm{SE}=0.0523\ \mathrm{g/h}$ ，结果表明实测值与模拟值的相关性较好，用基于室内气象数据的 P-M 方程模拟我国南方春季温室番茄蒸腾速率较为可靠且较为合理。

(2) 在晚春和夏季气温较高的条件下，温室要降温排湿，因而通风(自然通风)较频繁并且紊流混合强烈，此时温室作物蒸腾更依赖于对流。如果上述室内参数数据不易得到，而棚外气象参数易于得到，在这种情况下，建立通风条件下的基于室外气象数据的蒸腾模型来计算温室作物需水量：

$$\lambda E=\frac{\pi R_{\mathrm{g}}-G+(K_{\mathrm{s}}+K_{\mathrm{H}})K_{2}D_{0}/(K_{1}K_{H}+K_{2}\delta)}{1+[(K_{\mathrm{s}}+K_{\mathrm{H}})-(1-K_{1}+K_{2}/K_{\mathrm{V}})]/(K_{1}K_{\mathrm{H}}+K_{2}\delta)} \tag{1-8}$$

采用上述模型模拟温室番茄作物冠层蒸腾速率，得到模拟蒸腾速率与实测值之间的相关系数为 R^2=0.76，结果表明，模型精度较高。用基于室外气象数据的 P-M 方程模拟我国南方夏季温室晴天西红柿蒸腾速率较为可靠。

波文比能量平衡(Bowen ratio energy balance，BREB)法一直被认为是较可靠的蒸发蒸腾量计算方法，是常规观测精度最高的方法。孙俊[113]在 2006～2007 年鄂州节水基地温室作物需水量田间试验研究的基础上，利用田间试验数据，用水量平衡法对温室茄子需水量进行了初步分析与计算，并对孙宁宁[112]建立的基于棚内气象数据的温室作物需水量计算模型做了一点改进，即利用 BREB 法和 P-M 方程计算气孔阻力 r_{c} 的模型为

$$r_{\mathrm{c}}=\left(\frac{\Delta\beta}{\gamma}-1\right)r_{\mathrm{a}}+\frac{\rho C_{\mathrm{p}}}{\gamma}\cdot\frac{(e_{\mathrm{a}}^{*}-e_{\mathrm{a}})}{R_{\mathrm{n}}}\cdot(1+\beta) \tag{1-9}$$

另外，建立了 BREB 法计算的温室茄子蒸腾量模型，根据 BREB 法有

$$\lambda E=\frac{\left[1-\exp(-K_{\mathrm{s}}\mathrm{LAI})\right]R_{\mathrm{n}}}{1+\beta} \tag{1-10}$$

采用该模型模拟温室茄子冠层蒸腾速率，得到模拟蒸腾速率与实测值之间的相关系数为 $R^2=0.74$，结果表明，模型精度较高。用 BREB 法模拟我国中部类似地区温室茄子蒸腾速率较为可靠，而且所需实测参数少，计算方法简单，不需要有关蒸发蒸腾面空气动力学特性方面的资料[77]。

温耀华[114]在 2006～2007 年鄂州节水基地温室作物需水量田间试验研究的基础上，利用田间试验采集的温室气象数据和由 FAO—56 推荐的 P-M 方程计算得到同期番茄 ET 值，运用神经网络理论，建立了温室气象因素缺测条件下基于 BP 网络的温室番茄需水量预测模型，并对鄂州温室作物试验区 2007 年 2 月 25 日～5 月 24 日的番茄作物 ET 值进行了预测。结果表明，在只能获得有限气象要素的情况下，可以通过训练好的神经网络模型对温室作物 ET 值进行预测。

从上述各类研究来看，温室作物需水量计算模型的研究成果虽然很多，但多是在特定的作物、特定的环境(多数为国外日光温室)下得出的特定结论，成果也比较分散，深度和广度有限，由于地区、气候、棚室环境等差异，得到的结论往往具有一定的经验性和局限性，而这也是本书需要深入研究的问题。

1.5　主要研究内容和方法

本书主要依托武汉大学水资源与水电工程科学国家重点实验室灌溉排水综合试验场和湖北省水利厅节水灌溉试验示范基地，系统开展了对温室大棚主要蔬菜作物(番茄、茄子、黄瓜)的需水规律和需水量计算模型研究，以较大规模和多年的现场试验研究与实测成果进行理论及模型的检验，旨在取得切合实际的应用成果，为温室大棚制定科学的灌溉管理制度提供科学依据。研究成果不仅对于实现温室大棚作物“精、准”灌溉和提高产量、改善产品品质具有十分重要的实用价值和科学意义，而且对发展高效节水农业具有广阔的应用前景。

1.5.1　主要研究内容

在认真总结和归纳国内外有关文献的基础上，针对本书的研究目标和内容，笔者通过长期田间试验，获取了大量的基础数据资料。对温室膜下滴灌主要作物

生育期的水分生理、植株生长状态和室内外环境参数变量进行连续观测，同时总结并采用多种方法对温室作物需水量及其计算模型进行了理论和数值研究，取得了初步成果。

本书的主要研究内容如下。

(1) 温室番茄叶面蒸腾速率的测定及基于偏最小二乘加归(partial least-squares regression，PLS)模型的蒸腾速率预测模型研究。对采用膜下滴灌的越冬温室番茄不同位置的叶片蒸腾速率的变化规律进行分析，得出它与主要环境因子之间存在复杂相关性。针对环境因子之间存在多重相关性，引入 PLS 方法，利用温室内环境因子建立预测温室番茄顶层蒸腾速率的偏最小二乘回归模型，最后验证模型的预测效果。

(2) 水面蒸发法和作物系数法需水量的计算方法研究。本书将利用田间连续观测所获得的试验资料，通过水面蒸发法和作物系数法建立日光温室膜下滴灌番茄需水量的计算模型，对日光温室膜下滴灌番茄的需水规律进行研究分析，验证两类经验模型在温室膜下滴灌条件下的适用性。

(3) 基于 BP 网络温室作物需水量预测的模型研究。主要介绍利用 MATLAB 神经网络工具箱进行 BP 网络模型建立、训练、仿真的编程方法，阐述基于 BP 网络温室作物需水量预测系统的分析与设计，并利用温室大棚作物需水量田间试验数据，用 BP 网络实现对温室膜下滴灌作物需水量的建模和预测。

(4) 基于 Elman 网络温室作物需水量预测的模型研究。阐述基于 Elman 网络对温室作物需水量进行动态变化预测的基本原理，并利用温室大棚作物需水量田间试验数据，结合 Elman 网络实现对温室大棚作物需水量的建模和动态变化预测，并分析比较 BP 网络和 Elman 网络两种神经网络模型的预测性能差异。

(5) 通过将遗传算法与神经网络结合，优化网络结构，实现对 BP 网络存在的缺陷的改进。根据试验实测数据，建立了以自然气象要素为输入向量，以实测番茄需水量为输出向量的 GA-BP 神经网络需水量预测模型。最后将该 GA-BP 神经网络模型与 TDR(time domain reflectometer)法实测的作物需水量进行比较分析，验证模型的预测效果。

1.5.2 研究方法

在理论研究方面，笔者以实测资料为基础，探索采用时间系列、水汽扩散、主因素分析、偏最小二乘回归等理论，研究在温室大棚膜下滴灌条件下自然气象要素与番茄需水规律的变化关系，揭示这些变化的不利和有利影响，指出影响温室作物需水规律的主要影响因子，为温室作物需水量计算模型的建立提供理论依据。

在模拟数学模型的研究方面，根据理论研究的成果，建立基于自然气象要素的温室主要作物需水量计算模型。借助现代数学软件平台，寻求根据时间系列、偏最小二乘回归法、神经网络、遗传算法等理论计算温室膜下滴灌主要作物需水量的有效途径，从而为指导温室膜下滴灌作物实施科学灌溉制度和生产管理措施提供科学依据。

第2章 温室作物需水量田间试验

针对我国节能型日光温室的特点，笔者开展了长期的温室田间试验研究，旨在探索一套系统的日光温室内作物需水量的计算方法，为日光温室内制定科学的节水灌溉制度、实现温室内的高效节水提供理论依据。

试验研究依托武汉大学水资源与水电工程科学国家重点实验室灌溉排水综合试验场和湖北省水利厅节水灌溉试验示范基地及其较完善的装备，以及近些年来与本书研究领域有关的试验研究与测试技术的积累，并以较大规模和较长历时的现场试验研究实测成果为基础，进行理论和模型的检验。将试验研究的重点放在湖北省水利厅节水灌溉试验示范基地，生产与试验研究的总体原则是以常规种植、规模试验为主，适当安排机理性试验研究。两地机理性试验研究的结果可相互佐证。针对藤蔓作物和温室高秆作物不适合采用测筒试验的实际情况，以普通温室规模种植为主，并根据需要在现场试验温室内建设了一定数量的简易测坑，以其为辅。

本章对温室主要作物室内田间试验的观测方法及仪器布置进行了详细的介绍。温室作物灌水方法采用目前应用最多的膜下滴灌，本章在总结国内外有关温室大棚作物丰产的膜下滴灌节水、温室环境调控经验的基础上，设计不同的膜下滴灌节水灌溉(包括土壤适度的水分胁迫)制度与温室生态环境调控措施，对包括常规种植在内的全部处理和重复进行长期试验观测，实时采集室内外自然气象要素，定时观测土壤温度及土壤含水量等。通过系统的试验与观测积累充足的试验数据，为理论分析和数学模型研究提供支撑。

2.1　试验区基本情况

试验在湖北鄂州节水基地进行，该地位于湖北省鄂州市蒲团乡，该基地始建于 2002 年 7 月，2004 年 7 月全部完成。现有标准节能型日光温室 36 个(图 2-1)。

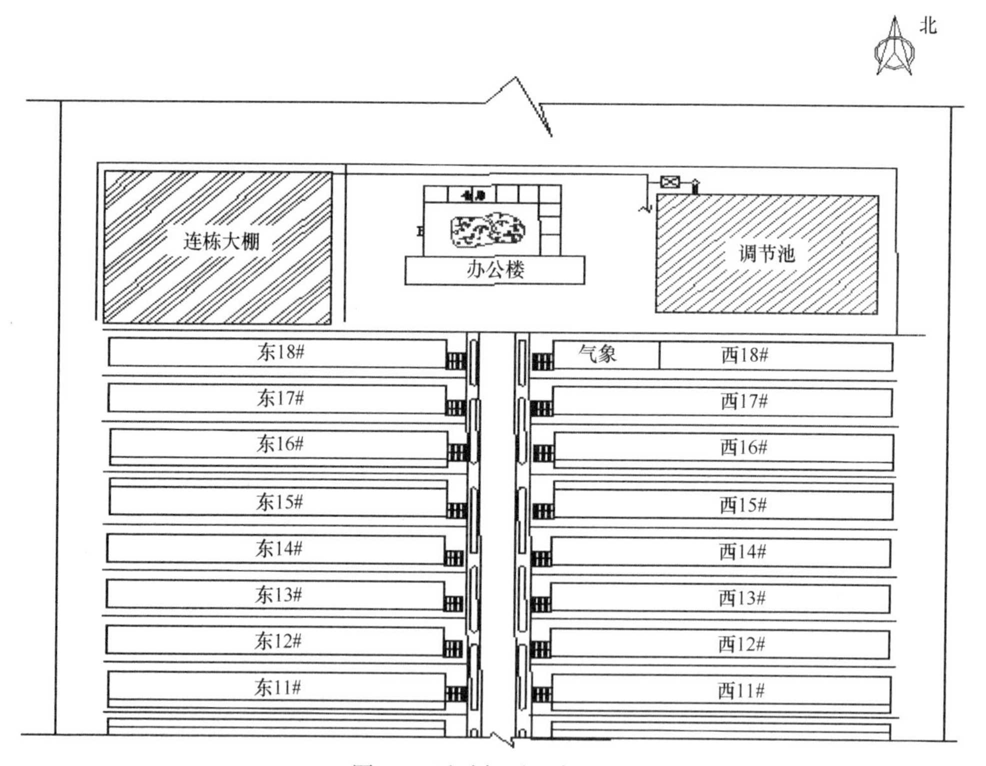

图 2-1　试验场平面布置图

试区地理位置为东经 114.52°，北纬 30.23°。该地区为季风气候区，冬季盛行偏北风，夏季盛行偏南风，属亚热带气候，无霜期约 236 d，年平均气温 16.3℃；年降水量 831.8 mm，年内分布不均，夏、秋降水少；地下水埋深约 1.5 m。试验基地土壤物理化学性质如表 2-1 所示。

表 2-1　节水灌溉试验示范基地土壤物理化学性质

容重/(g/cm³)	孔隙率/%	有机质/%	全氮/%	速效氮/(mg/kg)	全磷/%	速效磷/(mg/kg)
1.44	55	0.95	0.058	50.08	20.66	127.4

通过对试验地区进行逐日的气象观测，该地区的室外气温变化具有以下特点。图 2-2 表明，在整个生育期内，以 1 月中旬气温最低，为 3.15℃，5 月上旬最高，为 21.92℃，年较差为 18.77℃，11 月～翌年 1 月气温下降较快，其中有两次气温连续下降，分别是由 11 月中旬至 12 月中旬下降 13.43℃、12 月中旬至 1 月中旬下降 6.68℃。这段时间为保证温室作物的生育和产量，需要提早采取温室保温措施，以免作物受冻。1 月中旬以后，室外气温开始明显上升。其他自然气象的情况参见表 2-2。

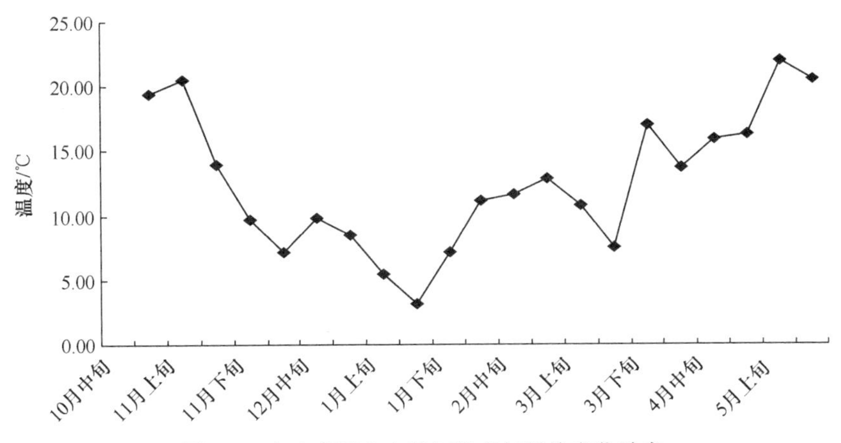

图 2-2　全生育期内室外气温多年平均变化动态

表 2-2　试区具体室外气象参数

室外气象参数	10 月下旬	11 月	12 月	1 月	2 月	3 月	4 月	5 月
最高温度/℃	24.00	21.30	14.67	12.00	18.00	19.13	22.80	29.60
平均湿度/%	71.69	70.40	64.09	69.19	65.90	76.28	71.88	70.06
平均辐射/(W/m²)	211.30	172.09	225.85	194.14	226.34	189.23	187.92	203.97
平均风速/(m/s)	0.51	0.70	21.30	1.27	1.35	0.85	0.83	0.75

2.1.1　试验温室的结构特性

试验温室为节能型日光温室，剖面呈扇形(图 2-3)。温室长 73 m，宽 8 m，墙面高 2.5 m(棚顶最高处达 3.2 m)。温室坐北面南，有利于充分利用阳光。每个温室均备有防寒被，用于保温。日光温室采用钢结构支撑，棚顶部和侧边可人工开启用于自然通风。该场地使用的覆盖材料为新型 EVA 三层复合膜(厚度为 0.3 mm)。EVA 是乙烯-醋酸乙烯共聚物的简称，一般醋酸乙烯(VA)含量为 5%～40%。EVA 薄膜的主要用途是生产功能性棚膜。功能性棚膜具有较高的耐候、防雾滴和保温性能，由于聚乙烯不具有极性，即使添加一定量的防雾滴剂，其防雾滴性能也只能维持 2 个月左右；而添加一定量 EVA 树脂制成的棚膜，不仅具有较高的透光率，而且其防雾滴性能也有较大提高，一般可超过 4 个月。EVA 薄膜是农业大棚及日光温室的一种新型覆盖材料，该产品除了具有流滴效果好、光线透过率高等优点外，还可有效延缓薄膜在日光作用下的老化，延长使用寿命，适用于各种茄、果类蔬菜及其他各种作物、花卉的育苗和覆盖栽培。

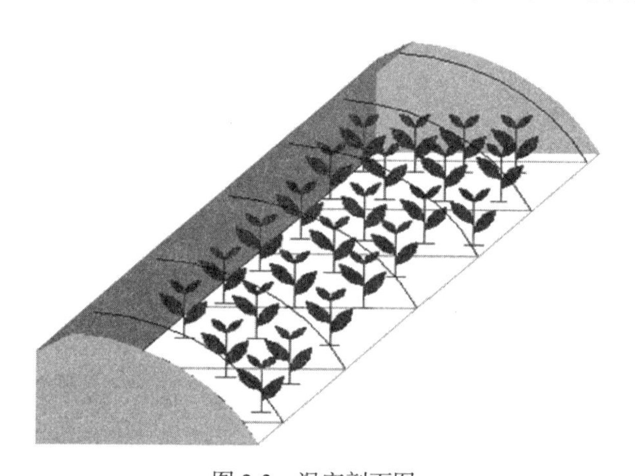

图 2-3　温室剖面图

2.1.2　温室滴灌系统简介

滴灌带工作压力水头在 10 m 以内，软管滴灌带直径 10 mm，滴水孔径 0.8 mm。主管直径为 45 mm 黑色硬塑料管，水源为与池塘相通的井水，采用水泵提水。

温室内有着若干沿南北方向的栽培畦，每个畦(高 15～20 cm，宽 100～120 cm)上种植两行作物，在栽培畦的北端靠近通道处，东西向布置一根约 72 m 长的主管，一端进水，一端堵死。布置时对应每行作物在主管上安装接头，用旁通把滴灌带(另端扎死，带长 6.5 m)与主管连接，并使滴头间距与作物株距相同，以保证一个滴头可控制一株作物。定植后覆盖黑色地膜，构成温室蔬菜滴灌系统(图 2-4)。

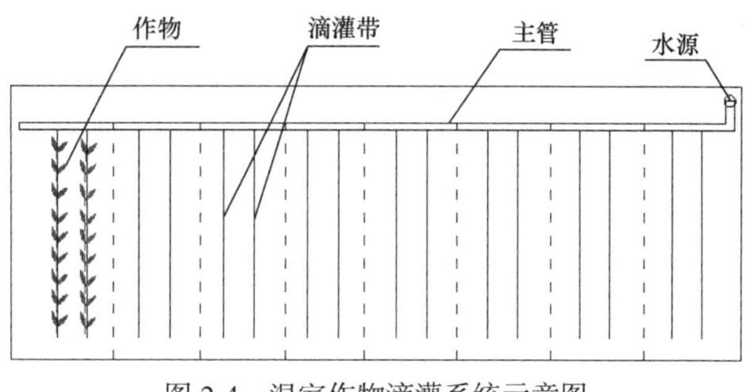

图 2-4 温室作物滴灌系统示意图

2.1.3 试验作物品种

本次试验的研究对象主要为温室番茄、茄子、黄瓜，其种植和生长阶段为：每年的8月～9月中旬育苗，9月底或10月初移栽定植温室至翌年的5～6月结束，棚内生长历时约9个月，而暑期的7～8月棚内不种作物，处于休闲状态。田间观测是需要跨年连续进行的工作。

温室田间试验作物品种和种植时间见表2-3。

表 2-3 试验作物品种及种植时间

作物	试验品种	播种育苗日期	定植日期	覆盖地膜日期	覆盖棚膜日期
番茄	红秀珠	8月6～13日	9月13～18日	10月23～27日	10月23～27日
茄子	紫长茄	8月8～15日	9月5～10日	9月23～27日	10月18～24日
黄瓜	水果黄瓜	9月18～23日	10月18～22日	9月20～25日	10月16日

2.2 田间试验方案

2.2.1 试 验 设 计

本试验中温室采用滴灌灌水方法，对温室主要蔬菜作物番茄、黄瓜和茄子按正交试验方法设计适宜数量的试验水平和相应的试验处理，进行长期试验观测，包括作物生理与发育状况、土壤温度、土壤含水量和灌溉排水水量及蔬菜产量、质量等，并借助自动气象站、人工气象观测仪器同步实时观测温室小气候和棚外自然气候要素。

试验处理设计：按照试验研究方法的原则和要求，经过实地踏勘和调查，在基地 36 个标准日光温室中随机选择其中的 6 个用于田间试验，每棚施有机肥 5000 kg，试区试验处理平面布置安排如图 2-5 所示。

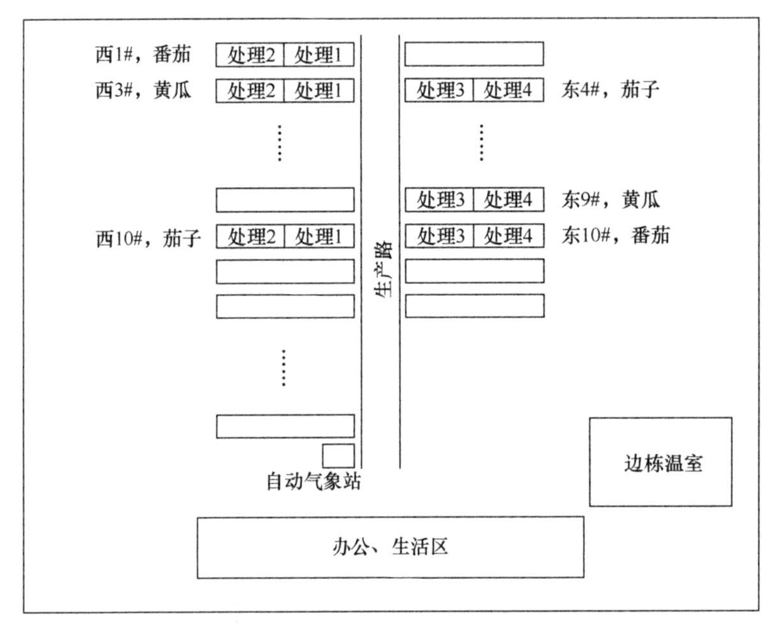

图 2-5　试验处理平面布置安排

把每个试验温室一分为二，中间用塑料薄膜分割。在一个温室内设两个处理(设定不同的土壤水分控制水平)，每种处理设 3～4 个重复。每个处理区由一块水表和一个闸阀控制灌水，独立进行灌溉水量的控制。以每次的灌水量使 20 cm 深土层恢复到田间持水量为准，根据水表的读数，当水量达到定额时停止灌水。灌水期间用 TDR 连续观测 0～20 cm 深土层的土壤含水率。试验处理详细安排见表 2-4(以番茄为例)。

表 2-4　温室番茄试验处理设计

蔬菜类别	处理小区	所在棚号	生育阶段	灌水下限/% (田间持水比例)	灌水上限/% (田间持水比例)
番茄	1	西 1#	幼苗期	90	100
	2	西 1#		90	100
	3	东 10#		90	100
	CK	东 10#		90	100

续表

蔬菜类别	处理小区	所在棚号	生育阶段	灌水下限/% (田间持水比例)	灌水上限/% (田间持水比例)
	1	西 10#	开花坐果期	60	100
	2	西 10#		70	100
	3	东 10#		80	100
	CK	东 10#		90	100
	1	西 10#	结果期	60	100
	2	西 10#		70	100
	3	东 10#		80	100
	CK	东 10#		90	100

2.2.2　暗管排水布置

考虑到该地区地下水位在一年内波动性较大，因此在试验温室里设置暗管排水来控制地下水位。暗管的埋设方案为：每个温室沿长度方向各埋设两根暗管，间距为 4 m，根据具体情况埋深设为 $h = 1.2$ m，温室外暗管出水口开挖集水坑，并使用水泵抽水进排水沟以实现排水的目的。将浮球阀门固定在距离集水坑顶 2 m 深处，并与水泵开关连接，当水位高出设定值时自动控制水泵进行抽水，以此来控制地下水位，暗管平面布置及管道开挖如图 2-6 所示。

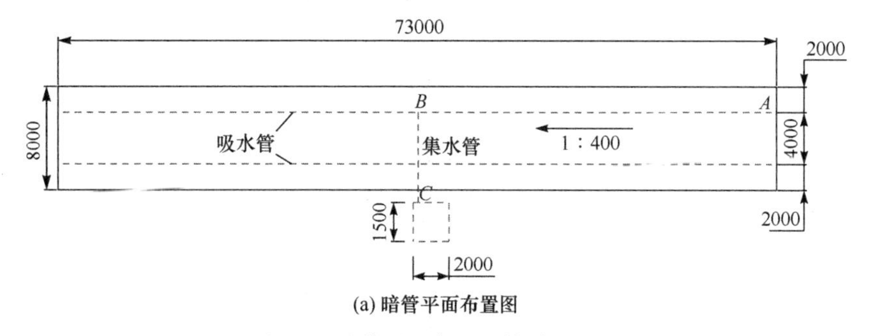

(a) 暗管平面布置图

图 2-6　暗管平面布置及管道开挖图

图中标注单位为 mm；暗管管沟 *A* 点处开挖深度 1.2 m，*B* 点处开挖深度 1.4 m；集水坑深度 3 m；排水暗管 *AB* 段直径 75 mm，*BC* 段直径 75 mm

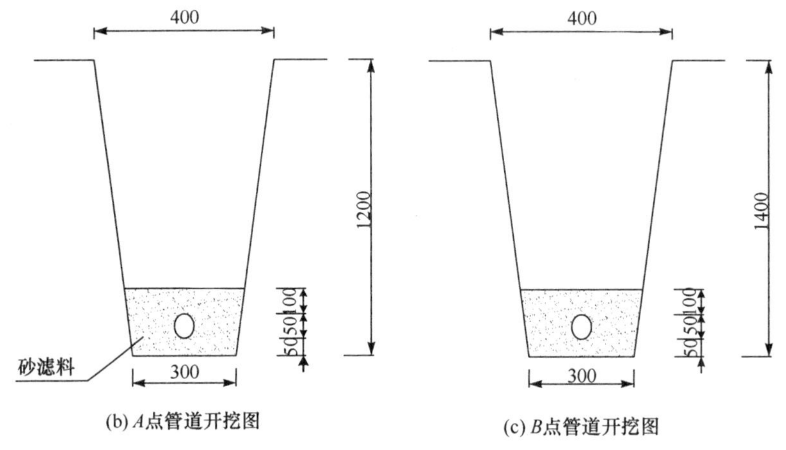

图 2-6　暗管平面布置及管道开挖图(续)

图中标注单位为 mm；暗管管沟 A 点处开挖深度 1.2 m，B 点处开挖深度 1.4 m；集水坑深度 3 m；排水暗管 AB 段直径 75 mm，BC 段直径 75 mm

2.2.3　简易测坑布置

每个处理的第四次重复处设一个简易测坑做对比。以番茄为例，由于番茄在温室内的行距为 0.90 m，株距为 0.45 m，受挖坑工作量及坑内作物数量的限制，设置的测坑平面尺寸为 1.50 m × 1.50 m，所以每个坑坑内共包含有番茄 8 株，测坑的开挖深度取为 1 m。开挖完成后，坑内铺设整块塑料薄膜以防水，测坑布置如图 2-7 所示。

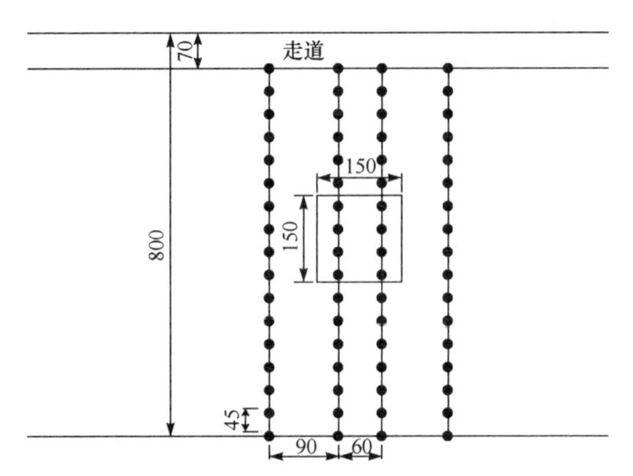

图 2-7　番茄试区测坑开挖位置示意图

●为作物；标注单位为 cm

2.2.4　观测内容及仪器布置

1. 试验观测内容

根据试验要求，在田间需进行长期试验观测，观测的主要内容包括温室作物的生长与发育状况、作物水分生理活动等，同步实时观测温室内小气候和棚外自然气候要素，具体观测内容如下。

(1) 温室外气象因子：使用自动气象仪对室外的常规气象(温度、相对湿度、气压、风速、风向、雨量、太阳辐射、露点)进行实时的自动采集，采样时间间隔设定为 30 min。

(2) 温室内、外水面蒸发量：采用 E601 蒸发皿及 D15.6(g)蒸发皿进行观测，每天一次，观测时间为 9：00，观测时使用高低水平尺进行测量。高低尺的放置应固定或每次放置在同一位置读数，以减小误差。

(3) 温室内、外土壤温度(0 cm、5 cm、10 cm、20 cm)：采用人工观测，每日固定观测时间为 8：00、12：00、15：00。

(4) 温室作物生长发育状况：其中作物茎直径、叶片温度、茎流、果实直径等使用作物生长监测仪对应传感器进行自动采集，采样时间间隔为 30 min；叶面积大小、叶片数量由人工进行观测，选择具有代表性的作物，在每个月的 1 日、11 日、21 日三天进行测量。

(5) 温室内环境因子：使用作物生长监测仪对应传感器进行自动采集，同时辅以人工观测进行对照。人工观测时，使用最高最低温度计和悬挂式干湿表对室内温湿度变化情况进行同步观测，每日固定观测时间为 8：00、12：00、15：00。

(6) 温室内土壤含水率：用 TDR 探头测量，每隔 1～3 天观测一次，灌水前后加测。

(7) 专门性测试工作：昼夜变化观测，选择特定生育期及特定天气，进行生育期及特定天气(阴、雨、晴)的土壤温度、温室内外气候要素、土壤含水量、作物需水量的昼夜连续变化观测。

(8) 作物生育期调查、农事活动记载：据实记载作物的品种、种植密度、定植日期、点花、剪叶、整枝、降蔓、打药、追肥等活动，以及温室每天开窗通风和揭、放防寒被的时间。

(9) 蔬菜产量和品质：在生长季节，采摘果实较频繁，故每次采摘时记录时间并称重，并用糖量计来测量果实品质。

2. 仪器的布置

根据试验要求，温室内安装有灌水控制和计量设备(水表和闸阀)，土壤水分测量的 TDR 探头，小气候观测的温湿度计、地温计、作物生长监测仪，以及 E601 蒸发皿、D15.6 蒸发皿。在温室室外安装了自动气象观测仪和对应的蒸发皿。其中，仪器安装要点包括：①安装蒸发皿时应注意的是，E601 蒸发皿的布置根据规范应使其上边缘水平且与地面平齐，放置的位置尽量不要影响劳作，否则常受干扰；②根据规范，所选地温计、最高最低气温计和干湿计等仪器精度需达到 0.1，且所有仪表使用前要统一标定，以保证所有温度系统同步，这些仪器在每个处理内放置两组，分别布置在每个处理的第二个重复和第四个重复处；③将植物生长监测仪布置于温室的中间位置。

图 2-8 是东 10#温室室内试验仪器平面布置图。图中，TDR1.1 代表的是该试验温室内处理 1 的第一个重复，其他的意义类似。

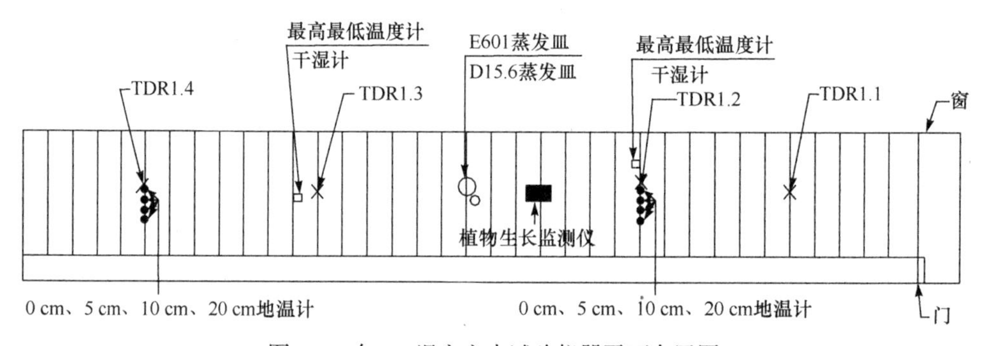

图 2-8　东 10#温室室内试验仪器平面布置图

2.3　试验主要仪器

2.3.1　时域反射仪

试验中所使用的 TDR 探头可以做到任意放置，它既可以深埋于土壤内层也可以直插在地表，但无论是哪种布置方式，都可以测量出探头长度所代表的土壤平均含水量。其中，最常见的就是水平和垂直两个方向的布置，如图 2-9 所示。

根据本次试验的具体情况，应按照试验待测作物根系层的深度来布置探头。以番茄为例，考虑到试验温室作物的主要根系层比较浅(最大深度均在 30 cm 以内)，采用垂直下插的布置方式即可以满足试验的要求，因此，试验最终决定采取环绕垂直下插的方式来进行 TDR 探头的布置，重点测量 0～20 cm 的土壤含水量变化情况。如图 2-10 所示，围绕每个试验点作物由近及远地垂直插入四个的探头，每个探头的规格为长 20 cm × 宽 10 cm。

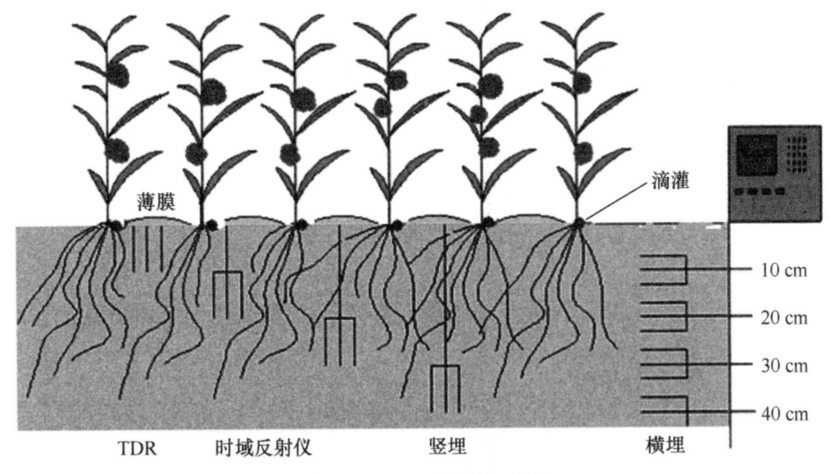

图 2-9 TDR 埋设方式图

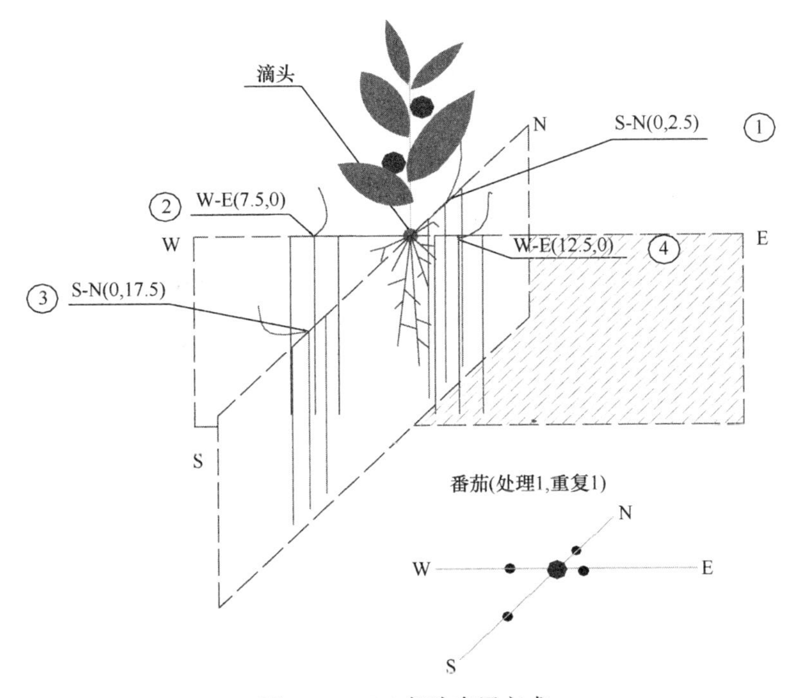

图 2-10 TDR 探头布置方式

2.3.2 植物生长监测仪

植物生长监测仪是用来对植株自身生长状况及周围生长环境进行实时监测的一类仪器。当作物生长发生异常时，监测仪可以将这一信息及时反馈给种植者，种植者应对作物的生理状况较早地做出他认为最好的选择来改善栽培策略或防御不利的情况，措施实施后作物的生理反应又可以通过检测仪显示给种植者。

试验中使用的植物生长监测仪型号为 LPS-05 型，常见的测量参数见表 2-5。

表 2-5　生长监测系统测量参数

植物生理参数	叶温	茎液流速	茎直径变化	果实茎秆生长
环境参数	光照辐射	大气温度	大气湿度	边界层阻力
植物水分胁迫指数	水汽压亏缺	叶片-大气温差	茎秆直径变化	潜在蒸散指标

植物生长检测仪对环境和作物的监测功能是通过连接多种类型的传感器来实现的。所有探头测得数据均通过 LPS-05 型植物生理数据采集系统采集和存储。在实际使用中，各传感器的布置情况见图 2-11。

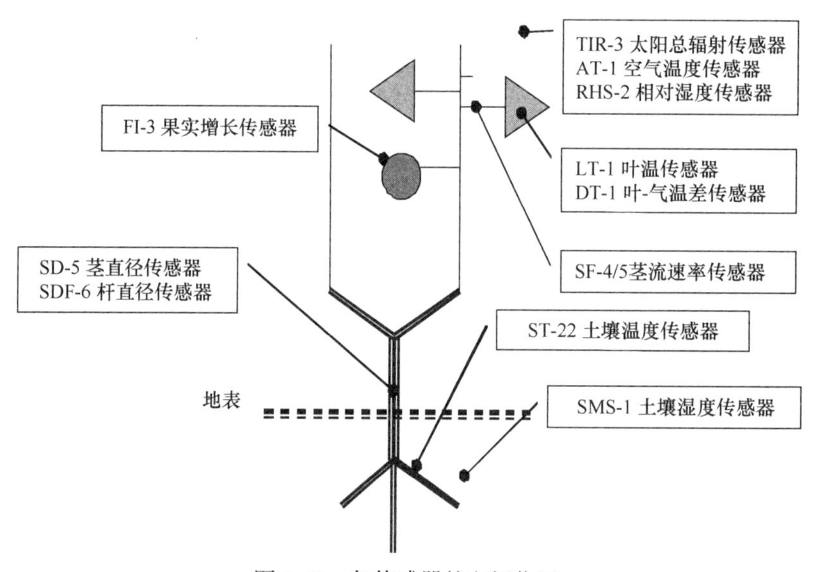

图 2-11　各传感器的空间位置

如图 2-12 所示，温室内空气的温度、湿度及进入温室的太阳总辐射传感器一般都悬挂于温室的空气层，即距离作物冠层上方 0.5～1.0 m 的位置；叶温是通过一个接触面积为 1 mm^2 的半导体传感器来进行测量的，安装时应注意将叶温传感器夹在作物叶片的反面以减少直射太阳光对测量结果的影响；边界层阻力传感器一般要平行于作物叶表面放置，可根据具体情况悬挂在作物高度三分之二的地方；本次使用的茎流速率传感器是外置的，可直接用探针插入需要测量的茎秆或叶柄处，实现对主要枝干茎液流变化过程的测量；茎直径传感器是外夹的，它

图 2-12　植物生长监测仪在温室番茄中的布置

通过线性位移传感理论对作物主要茎秆直径的微改变量进行测量，试验中可直接夹在被观测茎秆的基部。

2.4　水量平衡法推求温室膜下滴灌作物需水量

本节将以温室番茄为例，介绍利用水量平衡法推求温室作物膜下滴灌作物耗水量的基本原理。

一般情况下，某个特定时段内温室土壤根系层的水量收支情况应主要包括：田间灌溉水量、地下水补给量、深层渗漏的情况、植株蒸腾作用及土壤水蒸发量。根据水量平衡原理，可得到温室土壤根系层的水量平衡方程：

$$\Delta\theta = \mathrm{Ds}_{i+1} - \mathrm{Ds}_i = I + \mathrm{Wc} - \mathrm{DR} - \mathrm{ET} \tag{2-1}$$

式中：$\Delta\theta$ 为 i 时段内土壤含水量变化，mm；Ds_i 为 i 时段内土壤根系层的储水量，mm；I 为灌溉水量，mm；Wc 为地下水补给量，mm；DR 为土壤水分渗漏量，mm；ET 为蒸发蒸腾量，mm。

$$\mathrm{ET} = \mathrm{Es} + \mathrm{TR} \tag{2-2}$$

其中：TR 为植株蒸腾量，mm；Es 为土壤蒸发，mm。

在试验温室中测点作物所在测坑内埋有隔水塑料薄膜，因此水量平衡中不存在地下水对土壤根系层含水量的影响，即 Wc、DR 可忽略不计，于是温室内采用膜下滴灌的土壤根系层水量平衡方程可简化为

$$\Delta\theta = I - \mathrm{ET} \tag{2-3}$$

试验中灌溉水量 I 和土壤含水量变化 $\Delta\theta$ 可通过田间水表和 TDR(时域反射仪)实测得到，而作物需水量可根据平衡方程间接获得，即

$$\mathrm{ET} = I - \Delta\theta \tag{2-4}$$

同时，对于温室内有地膜覆盖的处理，土壤蒸发量可忽略不计，即 $\mathrm{Es} = 0$，此时也可以用植株蒸腾量来表示田间的作物需水量

$$\mathrm{ET} = I - \Delta\theta = \mathrm{TR} \tag{2-5}$$

2.4.1 温室滴灌系统灌水利用系数确定

温室滴灌系统灌水利用系数指滴头实际的出水量与滴灌系统毛灌溉用水量的比值，它可以作为衡量温室滴灌系统灌水损失情况的指标。要得到温室滴灌条件下土壤含水量的正确计算方法，首先必须知道每次滴灌到达田间的实际灌水量，然后才能验证土壤含水量测量方法和计算方法的准确性，因此如何确定温室滴灌系统的灌水利用系数是首先应该解决的问题。

由于所有温室都采用统一的滴灌方式和布置方式，任意选取其中一个试验温室进行观察即可，本次试验选取了西 1#温室进行观测。

1. 试验方法

准备工作：试验前，先准备四个同类型的圆形玻璃容器(高度为 25 mm)，贴好标签，并使用精度为 0.1 g 的电子秤分别对其称重，记录下各容器的初始重量 M_{0i} (i=1，2，3，4)，然后在棚里沿长度方向上(从东往西)每四分之一的距离处随机选取一个滴头作为观测对象，在每个滴头下方各放置一个玻璃容器用于接收滴灌出水。此时需注意，为保证滴头的出水压力不受影响，不应改变滴灌毛管或滴头的垂直位置，而应在滴头下采取挖坑的手段来放置玻璃容器。集水容器布置情况如图 2-13 所示。

试验过程：将西 1#温室的水阀完全开启，历时 3 min，再将水阀完全关闭，通过水表来确定灌溉水量ΔQ (m^3)。灌水结束后，对四个玻璃容器再次进行称重，记录每个容器的重量 M_{1i} (i=1，2，3，4)。于是可以得到本次灌水时间内单个滴头的实际平均灌水量为

$$\overline{q} = \frac{1}{n}\sum_{i=1}^{n}(M_{1i} - M_{0i}),\quad n=4 \tag{2-6}$$

图 2-13　集水容器布置情况

2. 灌水利用系数η的计算

根据每个温室内的滴头总个数 m(23×85 个)可以算出温室内每个滴头的理论灌水量，$q_0 = \Delta Q / m$，于是可得此滴灌系统的灌水利用系数为

$$\eta = \overline{q} / q_0 \tag{2-7}$$

重复以上试验步骤，分别测量历时 6 min 和历时 9 min 的灌水量，并对三次试验的计算结果取平均值，将其作为灌水利用系数。根据三次实际测量的结果，最终得到本次试验温室内滴灌系统灌水利用系数为 0.973 6，计算过程见表 2-6。

表 2-6　灌水利用系数计算表

灌水时间/s	水表初值 Q_0/m³	水表终值 Q_1/m³	单滴头计算流量 q_0/g	容器标号	第一次称重/g	第二次称重/g	单滴头实测流量 q_1/g	平均值/g	灌水利用系数 η	平均值
540	40.1676	40.8218	338.6387	1	148.5	478.8	330.3	330.3	0.9754	0.9736
				2	147.6	478.0	330.4			
				3	147.9	478.3	330.4			
				4	147.1	477.3	330.2			
360	40.8218	41.2500	221.6097	1	148.5	363.8	215.3	215.4	0.9718	
				2	147.6	363.0	215.4			
				3	147.9	363.4	215.5			
				4	147.1	362.3	215.2			
180	41.2500	41.4607	109.0968	1	148.5	254.7	106.2	106.2	0.9734	
				2	147.6	253.9	106.3			
				3	147.9	254.3	106.4			
				4	147.1	253.0	105.9			

2.4.2 TDR实测土壤含水量计算原理

本书以水层厚度表示土壤含水量，将一定深度土层中的含水量换算成水层深度表示，计算公式如下：

$$水层厚度 = 土层厚度 \times 土壤含水量$$

根据上述原理，可得到每次灌水前后土壤中水分增量的计算公式，为

$$\Delta H = H_0(\theta_1 - \theta_0) \tag{2-8}$$

式中：ΔH为每次灌水后土壤内增加的水量，mm；H_0为计算土壤层厚度，本书中为TDR传感器测量深度(200 mm)；θ_0为灌水前实测土壤体积含水率，%；θ_1为灌水后实测土壤体积含水率，%。

根据上述计算方法，使用TDR可以准确地测量田间土壤表层20 cm深度的水分存储量及灌水前后的变化值，但是滴灌系统与传统灌溉方式有所不同，滴灌属于局部灌溉，滴灌系统灌水后土壤湿润体的深度并不均匀，每个滴头下灌水的湿润峰边界大致呈椭球状，所以式(2-8)能否准确代表滴灌系统下的土壤水分含量变化情况，需要进行验证。

2.4.3 温室膜下滴灌土壤实际浸润深度计算方法

由于上述TDR计算原理推求的土壤水分含量是用水层厚度来表示的，为方便检验式(2-8)的有效性，需要将滴灌水量转化为水层深度来表示。其中，滴灌总水量的体积V可以通过水表读数来确定，只要能确定滴灌水体的有效湿润表面积，就可以将滴灌水量转换为水层厚度。然而实际中滴灌水在土壤中的湿润体是一个不规则的范围，所以要确定每次灌水后土壤的有效浸润深度存在一定的困难。针对这一问题，可以先假设土壤湿润体是固定形状，然后在假设条件下算出实际灌水的土壤平均湿润深度h，最后将h与式(2-8)的计算结果进行对比，从而可以确定温室番茄膜下滴灌土壤含水量的正确计算方法。验证过程如下。

首先假定每次灌水后湿润区域的宽度应为整个地膜覆盖到的宽度a，如图2-14所示。在地膜覆盖的条件下，每条滴灌毛管上的各个滴头出水后的土壤浸润区域是连成一片的，假设在此条件下的这个有效土壤湿润区域为长方体区域，该区域体积为

$$V = a \cdot b \cdot h \tag{2-9}$$

式中：a为地膜覆盖宽度，m；b为滴管毛管的长度，m；h为土壤平均湿润深度，m。

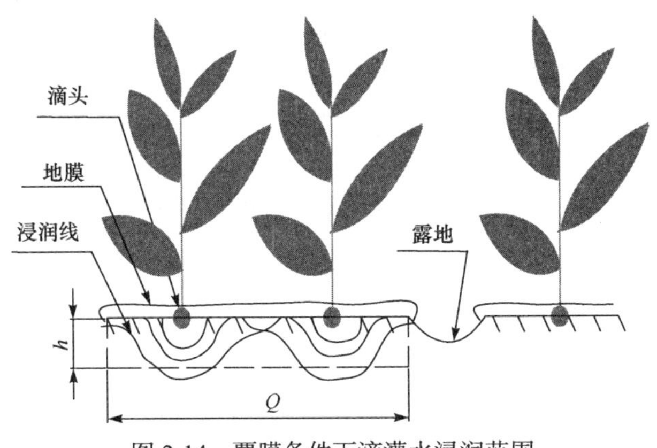

图 2-14　覆膜条件下滴灌水浸润范围

于是，每次滴水后入渗到田间的土壤平均湿润深度应为

$$h=\eta\cdot\frac{\Delta Q}{n}\cdot\frac{1}{ab} \tag{2-10}$$

式中：ΔQ 为灌水前后水表读数差值(即灌溉水量)，m^3；η 为灌水利用系数；n 为地膜的条数。

2.4.4　温室番茄膜下滴灌需水量计算方法确定

假设灌水过程中不考虑作物对水分的影响，则土壤平均湿润深度 h 应等于灌水后土壤内增加的水量 ΔH，根据上述实测滴灌灌水量计算公式和 TDR 计算原理，可确定土壤含水量变化值的正确计算方法。

如图 2-15 所示，西 3#温室番茄在 2005 年 11 月～2006 年 1 月共有三次灌水，

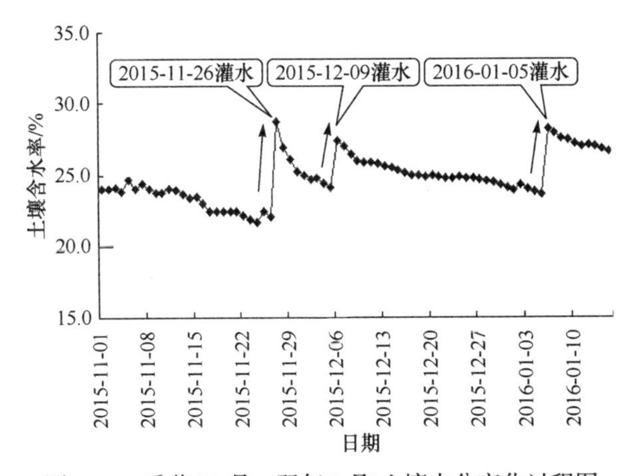

图 2-15　番茄(11 月～翌年 1 月)土壤水分变化过程图

分别是在 2005 年 11 月 26 日、2005 年 12 月 9 日和 2006 年 1 月 5 日。三次灌水前后，20 cm 土层深度内的土壤平均含水量变化值 $\Delta\theta$ 由 TDR 探头实测，灌水量通过水表读取，然后根据式(2-10)和式(2-8)，得到以下计算结果(表 2-7)。

表 2-7　膜下滴灌浸润厚度计算表

灌水日期	水表读数 Q/m^3	h/mm	土壤含水率 θ/%	ΔH/mm
2005-11-26 9：00	67.7		22.0	
2005-11-26 9：40	72.2	13.04	28.7	13.32
差值	4.5		6.7	
2005-12-09 8：30	72.2		24.1	
2005-12-09 9：00	74.6	6.95	27.4	6.68
差值	2.4		3.3	
2006-01-05 8：30	74.6		23.0	
2006-01-05 9：00	78.6	11.59	28.7	11.24
差值	4.0		5.6	

从计算结果可以看出，三次灌水过程，在地膜覆盖宽度下的土壤水湿润深度 h 与实测土壤浸润厚度 ΔH 之间非常接近，相对误差的绝对值分别为 0.022、0.039 和 0.030，因此可认为，在该假设条件下，式(2-8)可以较为准确地估算温室番茄膜下滴灌的实际土壤水量的变化情况，即

$$\Delta\theta = h \approx \Delta H \tag{2-11}$$

经过上述分析，最终得到以水量平衡法推求温室番茄膜下滴灌需水量的计算公式为

$$\mathrm{ET} = I - \Delta\theta = \eta \cdot \frac{\Delta Q}{n} \cdot \frac{1}{ab} - H_0(\theta_1 - \theta_0) \tag{2-12}$$

由于试验中缺少实测需水量的数据，为方便讨论，本书将式(2-12)的计算值作为温室番茄需水量的实测值对其他模型进行讨论。

以上是根据水量平衡法推求温室膜下滴灌番茄田间需水量的基本原理，其他作物(茄子、黄瓜等)的推求方法类似，这里不再重复描述。

第3章 基于PLS的温室作物蒸腾速率预测模型

蒸腾速率又称为蒸腾强度或蒸腾率，指的是植物在单位时间、单位叶面积通过蒸腾作用散失的水量，常用单位为g/(m^2 · h)。蒸腾速率作为蒸腾作用的生理指标之一，是衡量蒸腾作用强弱的一项重要指标，所以它的测量在研究作物需水规律时也很重要。蒸腾速率的测量方法很多，其中以快速称重法最为常见，快速称重法测定蒸腾速率具有快速、定量比较准确等特点，但也由于该方法的操作烦琐，存在一定的人为误差。

作物蒸腾速率的快慢受植物形态结构和多种外界因素的综合影响，影响蒸腾速率的外部因素主要指的是叶内外蒸气压差和扩散阻力的大小，它们是随着外界光照、温度、湿度和风速等参数的改变而发生变化的。这些气象参数的获取比较容易，研究它们与蒸腾速率之间的相关关系，可以为建立蒸腾速率的回归模型提供参考。然而，普通多元回归方法在日常应用中经常会遇到很多问题[115-116]。例如，样本数量过低，则回归模型达不到精度要求，如果相关变量过多且各变量之间存在多重相关性，也会对回归模型的参数估计产生很大的影响，所以在进行回归建模之前需要对变量进行选择，一旦选择不当便会造成有用信息的丢失和模型精度的下降，最终导致回归模型失效。

偏最小二乘回归[117-124]作为一类新型的多元回归方法，它实现了多元线性回归、主成分选择及变量间相关分析的良好结合，比最小二乘回归法更适合处理样本小、变量多且变量间存在多重严重相关性的问题，所以偏最小二乘回归在各类统计分析问题中得到了越来越多的应用[125-134]。本书通过田间试验，对温室番茄叶片蒸腾速率的变化规律进行了深入研究，针对影响作物蒸腾速率诸多环境因子之间存在多重相关性的问题，基于偏最小二乘回归的分析方法建立了温室番茄蒸腾速率回归模型，该项工作对温室作物蒸腾速率的预测研究具有一定参考价值。

3.1　试验资料和方法

3.1.1　环境因子与蒸腾速率测量

研究蒸腾速率变化规律所用到的环境参数包括：温室室内空气平均温度、相对湿度、大气压、太阳辐射、土壤表层温度(5 cm)及水面蒸发量。

对于温室内作物蒸腾速率的测量，本次试验中使用了快速称重法[78]。下面将简单介绍快速称重法测量作物蒸腾速率的试验原理和方法。

3.1.2　快速称重法

1. 原理

植物蒸腾失水，重量减轻，故可用称重法测得植物材料在一定时间内所失水量，进而算出蒸腾速率。植物叶片在离体后的短时间(数分钟)内，蒸腾失水不多时，失水速率可保持不变，但随着失水量的增加，气孔开始关闭，蒸腾速率将逐渐减少，故此试验应快速(在数分钟内)完成。

2. 仪器与用具

仪器与用具包括：叶面积仪；EY-300A 型托盘电子天平(感量 0.01 g)；镊子一把；剪刀一把；塑料夹三只；秒表计时器一个。

3. 方法步骤

(1) 在待测植株上尖端中部、底部见光位置各选一枝条，重约 20 g(使其在3～5 min 蒸腾水量近 1 g，而失水不超过含水量的 10%)，在基部缠一线以便悬挂，然后剪下立即称重，称重后记录时间和重量，并迅速放回原处(可用架子将离体枝条夹在原母枝上)，在原来环境下进行蒸腾。快到3 min或5 min时，迅速取下，重新称重，准确记录3 min或5 min内的蒸腾失水量。称重要快，要求两次称重的重量变化不超过1 g。

(2) 用叶面积仪计算所测枝条上的叶面积，按式(3-1)求出蒸腾速率。

$$T_{\mathrm{r}}=\frac{\Delta m}{A\cdot\Delta t} \tag{3-1}$$

式中：T_{r}为蒸腾速率，$\mathrm{g/(m^2\cdot h)}$；Δm为两次叶片称重的差值，g；A为所测叶片的叶面积，$\mathrm{m^2}$；Δt为测定时间，h。

(3) 比较不同时间(晨、午、晚)、不同部位(上、中、下)和不同环境(温、湿、光照)的蒸腾速率，记录测量结果及当时气候条件加以分析。

3.2　温室番茄蒸腾速率的变化规律

3.2.1　温室番茄蒸腾速率的长系列变化

研究表明，在较长的观测时间内，温室番茄蒸腾速率的变化规律与太阳辐射相关性较高，但不同位置的叶面蒸腾速率有明显的差异。从图3-1可看出，在试验期内，无论天气状况如何，处于植株最顶层的叶片蒸腾速率的实测值总是大于中部和底部叶片蒸腾速率的数值，这个规律证明温室番茄蒸腾作用的主要部位是位于作物冠层顶部的叶片。

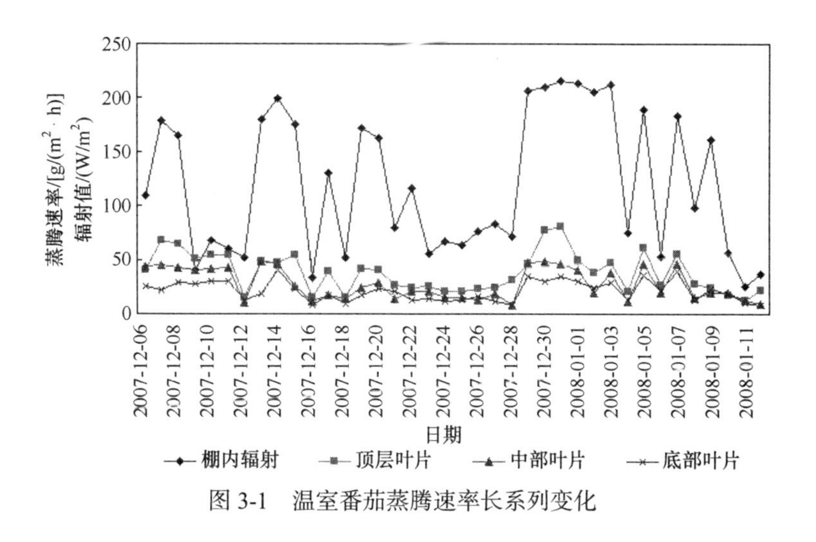

图3-1　温室番茄蒸腾速率长系列变化

根据水汽扩散原理，太阳辐射和空气干燥力是植株产生蒸腾作用最主要的两个原因，太阳辐射是植株蒸腾的主要能量来源，而空气干燥力(冠层饱和水汽压差)是植株蒸腾的主要动力，两者的变化共同决定着蒸腾速率的快慢。例如，在晴朗的天气里(2007-12-29～2008-01-02)，温室番茄三种叶片位置所截获的太阳辐射量的多少对蒸腾速率的快慢起到主导作用，所以番茄植株上三种位置叶片的蒸腾速率大小关系应与辐射量的接收量保持一致，即顶层>中部>底部；在阴雨天，太阳辐射总量减小，室内作物各层叶片所截获的辐射量差别不大，所以辐射对于植株蒸腾速率的影响也相对降低。与此同时，冠层饱和水汽压差的影响开始占据主导地位，受天气影响，温室内湿度较高，番茄冠层内的水汽压趋近于饱和状态，所以处于中部和底部的叶片蒸腾速率差异不大，有时甚至会出现底部叶片蒸腾速率大于中部的情况(2007-12-26)。

3.2.2　温室番茄蒸腾速率的日变化

图 3-2 和图 3-3 分别给出了温室番茄不同位置叶片蒸腾速率在晴天和阴天两个典型天气条件下的日变化规律。从图中可以看出，无论是晴天还是阴天，温室番茄三种不同位置叶片蒸腾速率的日变化规律较为一致，且三者的蒸腾强度由上到下依次减弱。在晴天(图 3-2)，外界辐射、温湿度等环境因子变化剧烈，导致温室番茄白天蒸腾速率随环境因素的改变也出现显著的日变化规律，即蒸腾速率日间变化曲线呈现单峰的倒“V”字形变化，日最大值出现在 13：00 左右；在阴天(图 3-3)，蒸腾速率一天内波动很小，三种位置叶片的变化曲线呈现出了近似“一”字形的变化。

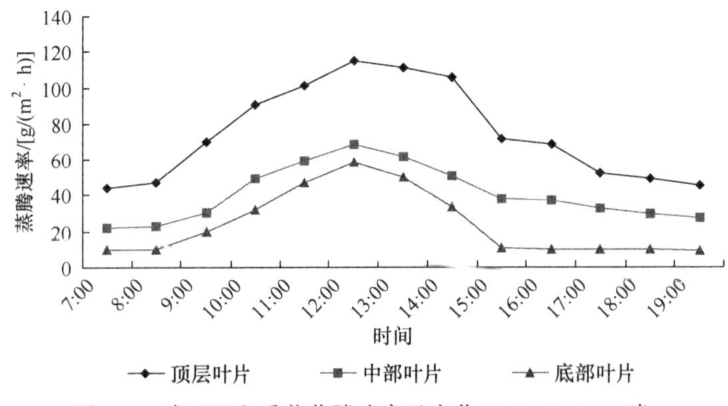

图 3-2　晴天温室番茄蒸腾速率日变化(2007-12-31，晴)

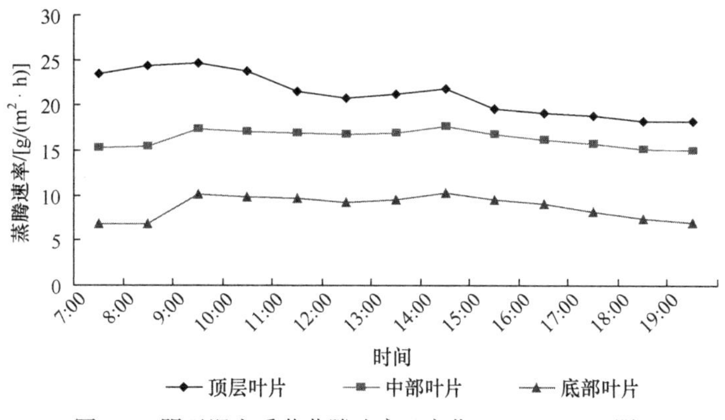

图 3-3　阴天温室番茄蒸腾速率日变化(2008-01-11，阴)

上述分析表明，温室环境要素与温室番茄蒸腾速率之间存在着很显著的相关性，蒸腾速率变化规律随环境要素的改变而改变。

3.2.3　温室番茄蒸腾速率与环境因子间的相关性分析

虽然影响作物蒸发蒸腾量的因素很多，如气候条件、作物品种、土壤条件、农田水分状况及技术措施等，但是对于同一地区的同一种作物，在正常水分条件下，作物蒸发蒸腾量主要受气象因素影响。日光温室内的影响因素主要包括室内平均地温、相对湿度、冠层温度、气压、蒸发量、太阳辐射等。这些因素相互影响，共同对日光温室番茄的蒸腾速率产生影响，但它们也有其各自特殊的方面。

1. 平均地温

研究日光温室番茄蒸腾速率随室内地温变化的规律时，先将测定的温室内 5 cm、10 cm、20 cm 的地温取平均值，再绘制折线图。如图 3-4 所示，日光温室番茄平均蒸腾速率随温度变化呈正相关关系。并且这种趋势在出现持续晴天(2007-12-29～2008-01-03)或是出现持续阴天(2008-01-06～2008-01-12)时更为明显。

2. 相对湿度

如图 3-5 所示，日光温室番茄的蒸腾速率与温室内相对湿度基本呈负相关关系，且由实测数据可知日光温室内相对湿度变化幅度很小(基本区间为 70%～100%)。但由图 3-5 可知，当日光温室内相对湿度发生明显的上下浮动时蒸腾速率的变化趋势更为明显。

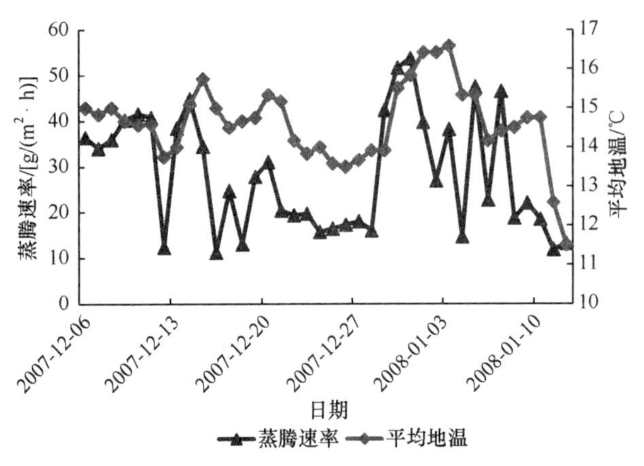

图 3-4　日光温室番茄蒸腾速率与平均地温的关系

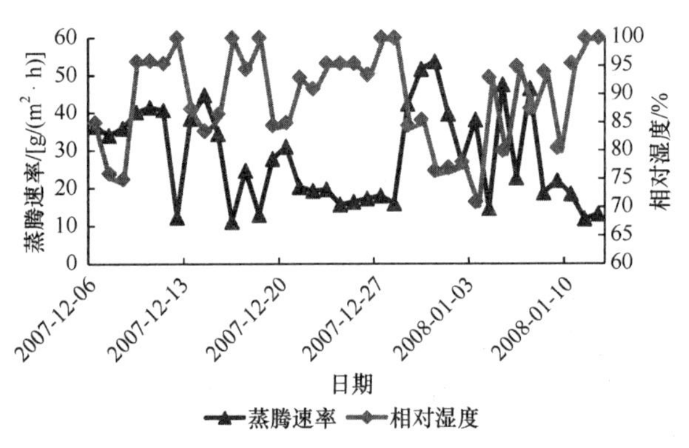

图 3-5　日光温室番茄蒸腾速率与相对湿度的关系

3. 冠层温度

通过对日光温室番茄蒸腾速率的研究发现，在较长的观测时间内，日光温室番茄蒸腾速率的变化规律与番茄植株冠层温度相关性较高，由图 3-6 可以明显地

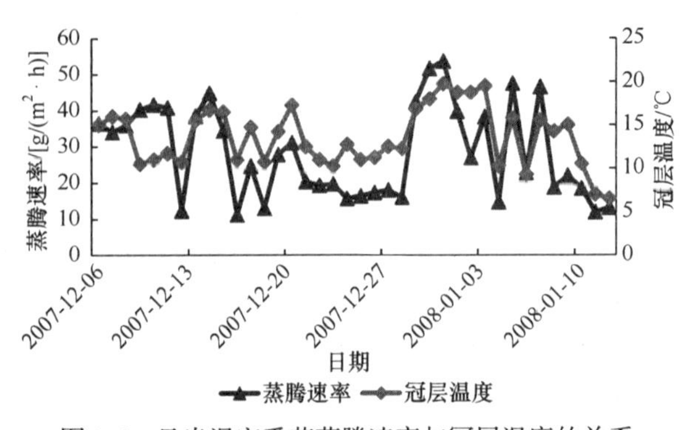

图 3-6　日光温室番茄蒸腾速率与冠层温度的关系

观察出冠层温度越高蒸腾速率越大。

4. 气压

通过对图 3-7 的分析，发现日光温室番茄蒸腾速率与温室内气压之间的相关性不明显，主要表现在：试验的前段时间内蒸腾速率与气压之间基本呈负相关的关系，但自 2007 年 12 月 20 日后这两种试验量之间的相关关系很不稳定。主要的原因为日光温室是一个相对封闭的环境，但是为了促进植物更好地进行光合作用，温室内要进行适时的通风。通风是改变温室内气压的主要原因，而自 2007 年 12 月 20 日后大部分为阴雨天气，室外的空气密度变化很不稳定，因此温室经通风后室内气压出现较大的波动。此时可以明显观察出当气压发生较大改变时，蒸腾速率的波动程度明显加大。根据彭曼公式，以及线性回归方程的主要影响参数分析，都可以得出气压对植物蒸腾速率有一定影响。基于以上原因，在本试验中将日光温室内的气压作为影响温室内番茄蒸腾速率的一个因子。

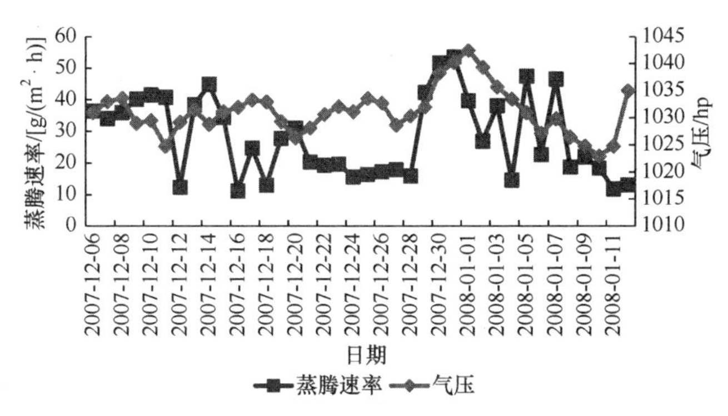

图 3-7　日光温室番茄蒸腾速率与气压的关系

5. 蒸发量

由图 3-8 可知日光温室内番茄的蒸腾速率与蒸发量呈明显的正相关关系。且在持续的晴天期(2007-12-29～2008-01-03)，蒸发量和蒸腾速率均呈较大幅度的增长。而在持续的阴雨期(2008-01-06～2008-01-12)，蒸发量和蒸腾速率均表现出较大幅度的上下波动。

6. 太阳辐射

对日光温室内番茄蒸腾速率的研究表明，在较长的观测时间内，日光温室内的番茄蒸腾速率的变化规律与太阳辐射相关性较高，由图 3-9 可以明显地观察出太阳辐射值越大蒸腾速率越高。根据水汽扩散原理得出，太阳辐射和空气干燥力是植株产生蒸腾作用最主要的两个原因，太阳辐射是植株蒸腾的主要能量来源，而空气干燥力(冠层饱和水汽压差)是植株蒸腾的主要动力，两者的变化共同决定着蒸腾速率的快慢。例如，在晴朗的天气里(2007-12-29～2008-01-02)，日光温室

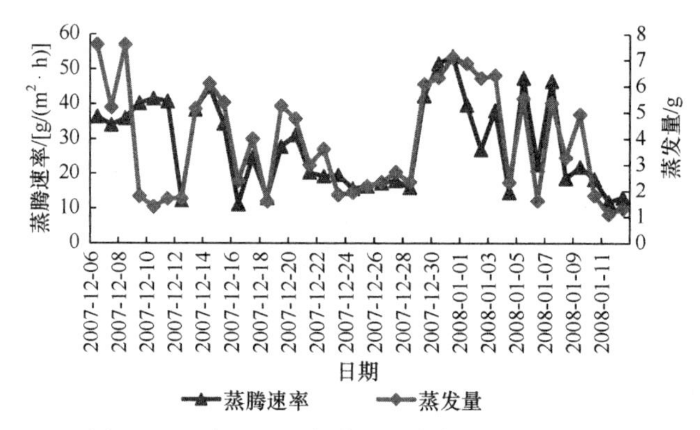

图 3-8　日光温室番茄蒸腾速率与蒸发量的关系

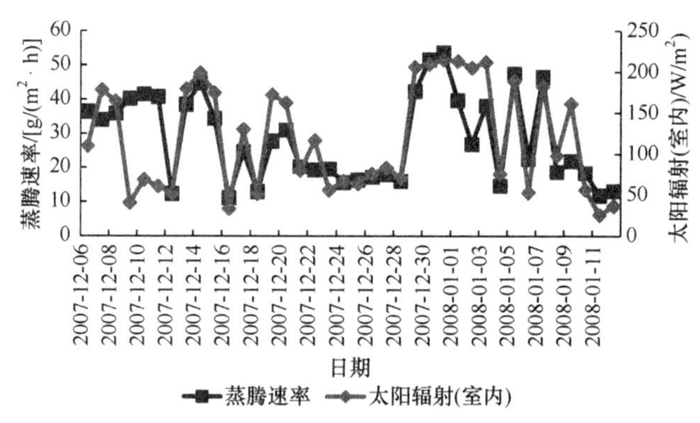

图 3-9　日光温室番茄蒸腾速率与太阳辐射的关系

内番茄所截获的太阳辐射量多少对蒸腾速率的快慢起到主导作用。在阴雨天，太阳辐射总量减小，辐射对于植株蒸腾速率的影响也相对降低。

以上研究充分证明了日光温室内的番茄蒸腾速率与环境因素关系密切，且由分析可得日光温室内的番茄蒸腾速率与室内地温、冠层温度、蒸发量、太阳辐射这些因子呈正相关关系，而与日光温室内相对湿度、气压基本呈负相关关系。因此可将室内地温、相对湿度、冠层温度、气压、蒸发量、太阳辐射等作为模型的主要输入影响因子。

3.3　基于 PLS 的温室番茄蒸腾预测模型

3.3.1　偏最小二乘回归方法简介

偏最小二乘回归[94-95]的基本思想最早是由欧洲经济计量学家 Herman Wold 于

1965 年提出来的，近几十年来，它在理论、方法、应用等方面都得到了迅速的发展，该算法已经形成了一套完整、系统的理论。偏最小二乘回归法因其能同时将因变量矩阵和自变量矩阵用主成分表示，充分表现并利用了因变量矩阵和自变量矩阵的信息，因此，具有比多元线性回归、主成分回归等线性模型更高的预报稳定性。偏最小二乘回归方法具有普通最小二乘回归方法所不能比拟的优点，被密歇根大学(University of Michigan)的弗耐尔(Fornell)教授称为第二代回归分析方法。凭借其自身的优点，近几年在国内，偏最小二乘法在化工、医药、经济、教育、工业优化、工程水文、农田水利及市政工程等众多领域得到了广泛的应用。

1. 偏最小二乘回归的基本原理与建模思路

偏最小二乘回归分析是多元线性回归分析、主成分分析和典型相关分析的有机结合，故其建模原理是建立在这三种分析方法之上的。偏最小二乘法集中了三者的优点，并克服了各自的缺点，是基于主成分回归思想的。它的算法基础是最小二乘法，但由于它只偏爱与因变量有关的变量，而并非考虑全部自变量的线性函数，所以称为偏最小二乘回归。下面介绍这一方法的建模思路。

在普通的多元线性回归中，如果自变量 $\boldsymbol{X}=\{x_1,x_2,\cdots,x_p\}$ 和因变量 $\boldsymbol{Y}=\{y_1,y_2,\cdots,y_q\}$ 的数据总体都满足高斯-马尔可夫假设条件，由最小二乘法得到的估计量就是具有最小方差的线性无偏估计量，因此，有

$$\hat{\boldsymbol{Y}}=\boldsymbol{X}(\boldsymbol{X}'\boldsymbol{X})^{-1}\boldsymbol{X}'\boldsymbol{Y} \tag{3-2}$$

式中：$\hat{\boldsymbol{Y}}$ 为因变量 $\boldsymbol{Y}$ 的最小二乘估算值。

从式(3-2)中可知，$\boldsymbol{X}'\boldsymbol{Y}$ 必须是一个可逆矩阵，所以若矩阵 $\boldsymbol{X}$ 中的样本数量远小于自变量数量或者 $\boldsymbol{X}$ 中存在严重的高阶相关性，就会导致最小二乘估计量失败，并引发一系列应用方面的困难。

为了解这个问题，偏最小二乘回归分析与主成分分析及典型相关分析类似，都采用了成分提取的方法。在分析主成分的过程中，为保证能在自变量矩阵 $\boldsymbol{X}$ 中找到可以概括原数据最多信息量的综合变量，就需要从矩阵 $\boldsymbol{X}$ 中提取主成分 $\boldsymbol{t}_1$，并保证 $\boldsymbol{t}_1$ 所包含的原数据变异信息是最大的，即

$$\mathrm{Var}(\boldsymbol{t}_1)\to\max \tag{3-3}$$

然后在去除了主成分 $\boldsymbol{t}_1$ 变异信息的残差矩阵中继续循环提取次成分 $\boldsymbol{t}_2$, $\boldsymbol{t}_3$, $\cdots$。理论上，对于有 n 个样本、p 个自变量的数据($n\ll p$)，提取的前 n 个成分就可以概括原数据中的所有信息量。在传统的相关性分析里，为从整体上研究自变量与因变量($\boldsymbol{X}$ 与 $\boldsymbol{Y}$)之间的相关关系，需要从矩阵 $\boldsymbol{X}$ 和 $\boldsymbol{Y}$ 中把各自的典型成分 $\boldsymbol{t}_1$ 和 $\boldsymbol{u}_1$ 提取出来，并使它们的相关系数达到最大，即

$$r(\boldsymbol{t}_1,\boldsymbol{u}_1)\to\max,\quad \boldsymbol{t}_1'\boldsymbol{t}_1=1,\boldsymbol{u}_1'\boldsymbol{u}_1=1 \tag{3-4}$$

与主成分分析一样，可以循环提取更高阶层的次要成分。典型相关分析认为，若在上述的综合变量 $\boldsymbol{t}_1$ 、 $\boldsymbol{u}_1$ 之间存在显著相关关系，就可认为在原始数据的自变量 $\boldsymbol{X}$ 与因变量 $\boldsymbol{Y}$ 之间也存在相关关系。

不同于主成分分析与典型相关分析，偏最小二乘回归分析在提取成分时综合了两者的目标，即从自变量 $\boldsymbol{X}$ 与因变量 $\boldsymbol{Y}$ 中分别提取典型成分 $\boldsymbol{t}_1$ 和 $\boldsymbol{u}_1$ ，使它们的协方差达到最大，即

$$\mathrm{Cov}(\boldsymbol{t}_1,\boldsymbol{u}_1)\to\max,\quad \boldsymbol{t}_1'\boldsymbol{t}_1=1,\boldsymbol{u}_1'\boldsymbol{u}_1=1 \tag{3-5}$$

式中： $\mathrm{Cov}(\boldsymbol{t}_1,\boldsymbol{u}_1)=r(\boldsymbol{t}_1,\boldsymbol{u}_1)\sqrt{\mathrm{Var}(\boldsymbol{t}_1)\cdot\mathrm{Var}(\boldsymbol{u}_1)}$ 。

PLS 模型如图 3-10 所示，此时已经考虑了使 $\boldsymbol{t}_1$ 和 $\boldsymbol{u}_1$ 尽可能概括原始数据的信息量及使综合变量 $\boldsymbol{t}_1$ 、 $\boldsymbol{u}_1$ 之间相关性最大这两个要求，即在能保证 $\boldsymbol{t}_1$ 、 $\boldsymbol{u}_1$ 可以尽可能好地表示 $\boldsymbol{X}$ 、 $\boldsymbol{Y}$ 关系的情况下，自变量成分 $\boldsymbol{t}_1$ 对于因变量成分 $\boldsymbol{u}_1$ 有最好的解释能力。

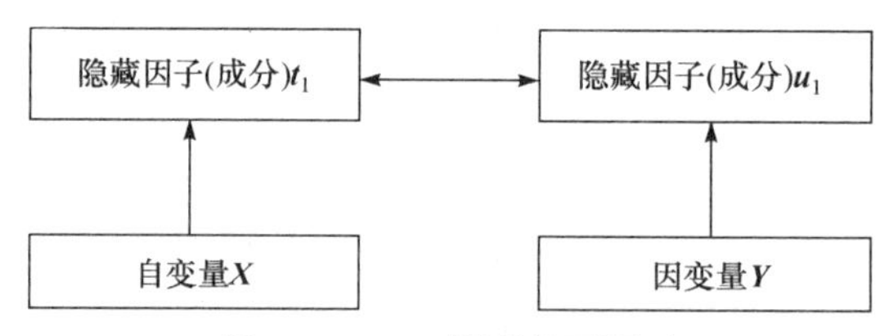

图 3-10　PLS 模型简要图示

提取第一组主成分 $\boldsymbol{t}_1$ 、 $\boldsymbol{u}_1$ 之后，分别进行矩阵 $\boldsymbol{X}$ 对 $\boldsymbol{t}_1$ 的回归和 $\boldsymbol{Y}$ 对 $\boldsymbol{u}_1$ 的回归，如果回归结果达到精度要求，则终止算法；否则，将使用 $\boldsymbol{X}$ 和 $\boldsymbol{Y}$ 分别被 $\boldsymbol{t}_1$ 、 $\boldsymbol{u}_1$ 解释后的残余信息开展新一轮的主成分提取，方法同前。如此重复，直到满足精度要求为止。假设在分析过程中最终提取了 m 个成分 $\boldsymbol{t}_1$, $\boldsymbol{t}_2$,…, $\boldsymbol{t}_m$ ，则通过实施 y_k 对 $\boldsymbol{t}_1$, $\boldsymbol{t}_2$,…, $\boldsymbol{t}_m$ 的回归，然后再转化为 y_k 关于原变量 x_1, x_2, …, x_p 的回归方程，其中， $k=1, 2, \cdots, q$，这样就完成了偏最小二乘回归建模。

2. 交叉有效性分析

在偏最小二乘回归建模中不需要将全部成分都使用进去，而是通过选择前 m 个主要成分($m<k$ ， k 为矩阵 $\boldsymbol{X}$ 的秩)就可以得到一个预测性能较好的模型。主成分数量的选择至关重要，选择不恰当会对回归结果造成很大影响，成分过多或过少都会降低模型的预测精度，所以决定选入几个主成分是较为关键的一步。

本书采用交叉有效性(cross validaton, CV)法来确定主成分数。交叉有效性法也叫留一法，可通过考察增加一个新的成分后，能否对模型的预测功能有明显的改进来考虑，下边将对这个方法进行简单的介绍。

首先，给出交叉有效性的定义

$$Q_h^2 = 1 - \frac{\text{PRESS}_h}{\text{SS}_{h-1}} \tag{3-6}$$

式中：Q_h^2 为增加主成分 $\boldsymbol{t}_h$ 后的交叉有效性；PRESS_h 为增加了第 h 个主成分 $\boldsymbol{t}_h$ 后的预测误差平方和；SS_{h-1} 为由全部样本点拟合的具有$(h-1)$个主成分的回归方程的拟合误差平方和。

1) 预测误差平方和 PRESS_h

采用类似于抽样测试法的工作方式，首先把所有的样本点(总个数为 n)分成两部分，即某个点 i 和扣除点 i 后的$(n-1)$个样本点集合。然后用扣除点 i 后的这$(n-1)$个样本点构建一个含有 h 个主成分的回归方程，把刚才被排除的样本点 i 代入这个拟合的回归方程中，得到 y 在样本点 i 上的拟合值，记为 $y_{h(-i)}$。对于总样本中的每一个 $i = 1, 2, \cdots, n$，重复以上测试过程，即可以定义 y 的预测误差平方和为

$$\text{PRESS}_h = \sum_{i=1}^{n} [y_i - y_{h(-i)}]^2 \tag{3-7}$$

式中：y_i 为第 i 个样本点对应的目标值；$y_{h(-i)}$ 为排除样本点 i 后剩余样本集合构建的回归方程的拟合值。

如果回归方程的稳定性不好，它对样本点的扰动就会很大，此时预测误差平方和也会变大。

2) 拟合误差平方和 SS_h

采用所有的样本点，构建含有 h 个主成分的回归方程，于是误差平方和应为

$$\text{SS}_h = \sum_{i=1}^{n} (y_i - y_{hi})^2 \tag{3-8}$$

式中：y_i 为第 i 个样本点对应的目标值；$\hat{y}_{hi}$ 为采用全部样本点构建的回归方程的拟合值。

一般而言，如果含有 h 个主成分的回归方程的含扰动误差的预测误差平方和 PRESS_h 能在一定程度上小于含有$(h-1)$个主成分的回归方程的拟合误差平方和 SS_h，则认为增加该主成分 $\boldsymbol{t}_h$ 后，会使预测的精度明显提高。大量工程应用实践表明，当 $\frac{\text{PRESS}_h}{\text{SS}_{h-1}} \leqslant 0.95^2$，即 $Q_h^2 \geqslant 0.0975$ 的时候，引入新的成分 $\boldsymbol{t}_h$ 对偏最小二乘回归模型的预测效果有明显的改善作用，此时应该增加该主成分；反之，则认为不应再增加该主成分，这就是交叉有效性原则。

3.3.2　偏最小二乘回归的建模步骤

偏最小二乘回归可分为两类，即单因变量偏最小二乘回归模型和多因变量偏最小二乘回归模型。本书需构建的温室番茄蒸腾速率计算模型属于单因变量模型，所以这里仅对单因变量偏最小二乘回归模型的建模步骤做简要介绍。

第一步，将自变量 $\boldsymbol{X}$ 和因变量 $\boldsymbol{Y}$ 进行标准化处理，得到标准化后的自变量矩阵 $\boldsymbol{E}_0$ 和因变量矩阵 $\boldsymbol{F}_0$。其中

$$x_{ij}^* = \frac{x_{ij} - \overline{x}_j}{S_j} \tag{3-9}$$

$$\boldsymbol{E}_0 = \left(x_{ij}^*\right)_{n\times p} \tag{3-10}$$

$$\boldsymbol{F}_0 = \left(\frac{y_i - \overline{y}}{S_y}\right) \tag{3-11}$$

式中：$i = 1, 2, \cdots, n$；$j=1, 2, \cdots, p$；$\overline{x}_j$，$\overline{y}$ 分别为自变量 $\boldsymbol{X}$ 和因变量 $\boldsymbol{Y}$ 的均值；S_j，S_y 分别为自变量 $\boldsymbol{X}$ 和因变量 $\boldsymbol{Y}$ 的标准差。

第二步，从 $\boldsymbol{E}_0$ 中提取第一个主成分 $\boldsymbol{t}_1$。

$$\boldsymbol{t}_1 = \boldsymbol{E}_0\boldsymbol{w}_1 \tag{3-12}$$

其中

$$\boldsymbol{w}_1 = \frac{\boldsymbol{E}_0'\boldsymbol{F}_0}{\left\|\boldsymbol{E}_0'\boldsymbol{F}_0\right\|} \tag{3-13}$$

分别实施 $\boldsymbol{E}_0$ 和 $\boldsymbol{F}_0$ 在 $\boldsymbol{t}_1$ 上的回归，即

$$\boldsymbol{E}_0 = \boldsymbol{t}_1\boldsymbol{p}_1' + \boldsymbol{E}_1 \tag{3-14}$$

$$\boldsymbol{F}_0 = \boldsymbol{t}_1 r_1 + \boldsymbol{F}_1 \tag{3-15}$$

式中：$\boldsymbol{p}_1$、r_1 为回归系数，且有

$$\boldsymbol{p}_1 = \frac{\boldsymbol{E}_0'\boldsymbol{t}_1}{\left\|\boldsymbol{t}_1\right\|^2} \tag{3-16}$$

$$r_1 = \frac{\boldsymbol{F}_0'\boldsymbol{t}_1}{\left\|\boldsymbol{t}_1\right\|^2} \tag{3-17}$$

记两个残差矩阵分别为

$$\boldsymbol{E}_1 = \boldsymbol{E}_0 - \boldsymbol{t}_1\boldsymbol{p}_1' \tag{3-18}$$

$$\boldsymbol{F}_1 = \boldsymbol{F}_0 - \boldsymbol{t}_1 r_1 \tag{3-19}$$

对模型的收敛性进行检验，若因变量 $\boldsymbol{Y}$ 对 $\boldsymbol{t}_1$ 的回归方程已达到满意的精度，则直接进入下一步；否则，令 $\boldsymbol{E}_0=\boldsymbol{E}_1$，$\boldsymbol{F}_0=\boldsymbol{F}_1$，回到第二步，对残差矩阵进行新一轮的主成分提取和回归分析。

第三步，当第 h 次迭代(h = 2, 3, …, m)方程满足交叉有效性的精度要求($Q_h^2 \geqslant 0.0975$)时，得到 m 个成分 $\boldsymbol{t}_1, \boldsymbol{t}_2, \boldsymbol{t}_3, \cdots, \boldsymbol{t}_m$，实施 $\boldsymbol{F}_0$ 在 $\boldsymbol{t}_1, \boldsymbol{t}_2, \boldsymbol{t}_3, \cdots, \boldsymbol{t}_m$ 上的回归，

$$\hat{\boldsymbol{F}}_0 = r_1\boldsymbol{t}_1 + r_2\boldsymbol{t}_2 + \cdots + r_m\boldsymbol{t}_m \tag{3-20}$$

从推导过程可知，$\boldsymbol{t}_1, \boldsymbol{t}_2, \boldsymbol{t}_3, \cdots, \boldsymbol{t}_m$ 都是 $\boldsymbol{E}_0$ 的线性组合，于是 $\hat{\boldsymbol{F}}_0$ 可写成 $\boldsymbol{E}_0$ 的线性组合形式，即

$$\hat{\boldsymbol{F}}_0 = r_1\boldsymbol{E}_0\boldsymbol{w}_1^* + r_2\boldsymbol{E}_0\boldsymbol{w}_2^* + \cdots + r_h\boldsymbol{E}_0\boldsymbol{w}_h^* + \cdots + r_m\boldsymbol{E}_0\boldsymbol{w}_m^* \tag{3-21}$$

或者

$$y^* = \alpha_1 x_1^* + \alpha_2 x_2^* + \cdots + \alpha_p x_p^* \tag{3-22}$$

第四步，按照标准的逆运算，对上述模型进行反标准化，将 $\hat{\boldsymbol{F}}_0(y^*)$ 的回归方程还原为 $\boldsymbol{Y}$ 对 $\boldsymbol{X}$ 的回归方程。

利用偏最小二乘法建立回归模型的流程图如图 3-11 所示。

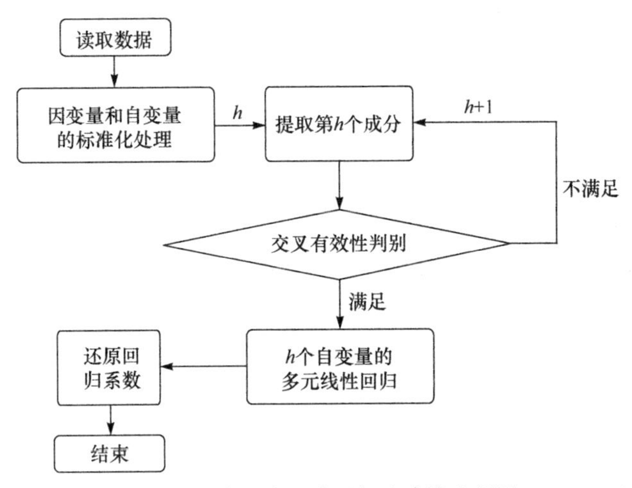

图 3-11　偏最小二乘回归法建模流程图

3.3.3　温室番茄蒸腾速率的 PLS 预测模型

1. 基本数据资料

建立预测模型所用基本数据包括：5 cm 深土壤温度 x_1(℃)，相对湿度 x_2(%)，

平均气温 x_3 (℃)，大气压 x_4 (hp)，蒸发量 x_5 (g/d)，太阳辐射 x_6 (W/m^2)及采用快速称重法实测的温室番茄顶层叶片蒸腾速率 y_i [g/(m^2 · h)]。训练样本资料如表 3-1 所示。

表 3-1 温室番茄顶层叶片蒸腾速率与环境因子的关系表

日期	5cm 深土壤温度 x_1/℃	相对湿度 x_2/%	平均气温 x_3/℃	大气压 x_4/hp	蒸发量 x_5/(g/d)	太阳辐射 x_6/(W/m^2)	蒸腾速率 y_i /[g/(m^2 · h)]
2007-12-21	14.0	93.0	12.5	1028.1	3.0	80	26.30
2007-12-22	12.8	91.0	11.0	1030.7	3.6	117	24.44
2007-12-23	12.5	95.5	10.3	1032.1	1.9	56	25.07
2007-12-24	12.8	95.5	12.8	1031.1	2.0	67	20.37
2007-12-25	12.5	95.5	11.0	1033.6	2.2	64	20.56
2007-12-26	12.3	93.5	11.3	1032.7	2.3	76	23.24
2007-12-27	12.5	100.0	12.5	1028.7	2.7	83	24.23
2007-12-28	12.8	100.0	12.3	1030.4	2.3	71	30.96
2007-12-29	13.0	84.5	16.8	1032.0	6.1	206	45.65
2007-12-30	15.0	85.5	18.0	1038.2	6.3	210	64.92
2007-12-31	15.8	76.5	19.8	1040.2	7.1	215	67.71
2008-01-01	16.5	77.0	18.8	1042.5	6.9	213	55.82
2008-01-02	16.5	78.0	18.8	1039.3	6.3	205	49.61
2008-01-03	16.3	71.0	19.5	1035.7	6.4	212	47.72
2008-01-04	13.8	93.0	10.3	1033.5	2.3	75	20.71
相关系数 R	0.7970	−0.8063	0.9295	0.8060	0.9393	0.9259	1.0000

如表 3-1 所示，温室番茄顶层蒸腾速率与主要环境因子之间存在较高的相关性。其中，蒸腾速率与空气相对湿度呈负相关，与土壤温度、平均气温、大气压、蒸发量、太阳辐射(日照)呈正相关。

2. 自变量间多重相关性的判定

方差膨胀因子[35]是目前最常用的多重相关性的正规诊断方法。自变量 x_i 的方差膨胀因子可定义为 VIP_i，计算公式为

$$\mathrm{VIP}_i = \frac{1}{1-r^2} \tag{3-23}$$

式中：r^2 为以 x_i 为因变量时其他自变量回归的复测定系数。

所有变量 x_i 中最大的方差膨胀因子 $\mathrm{VIP}_{\max}$ 通常被用来作为检验变量间具有多重相关性的指标。其判定标准是：如果 $\mathrm{VIP}_{\max}>10$，表示自变量 x_i 之间存在多重相关性，多重相关性将严重影响最小二乘的估计值，从而影响多元回归分析方法的实际应用。

表 3-2 给出了训练样本中所有自变量 x_i 与因变量 y 及各个自变量 x_i 之间的相

关系数，其中很多数值达到了较高的水平。例如，平均气温和蒸发量之间的相关系数为 $r(x_3,x_5)$=0.9580，平均气温和太阳辐射之间的相关系数为 $r(x_3,x_6)$=0.9516，相对湿度和太阳辐射之间的相关系数为 $r(x_2,x_6)$=–0.9111，太阳辐射和蒸发量之间的相关系数为 $r(x_6,x_5)$=0.9942 等。其中，最大的方差膨胀因子为 $\text{VIP}_{\max}=\dfrac{1}{[1-r^2(x_6,x_5)]}$=86.46>10，根据上述判定标准，说明环境因子之间存在多重相关性，传统的多元回归方法无法有效建立预报模型。接下来，本书将采用偏最小二乘回归的方法，利用土壤温度、相对湿度、平均气温、大气压、蒸发量、太阳辐射(日照)六个环境因子来建立温室番茄顶层叶片蒸腾速率的偏最小二乘回归预测模型。

表 3-2　自变量 x_i 与因变量 y 及各个自变量 x_i 之间的相关系数

r	x_1	x_2	x_3	x_4	x_5	x_6	y
x_1	1.0000	–0.8950	0.8679	0.8214	0.8437	0.8186	0.7970
x_2	–0.8950	1.0000	–0.8969	–0.7890	–0.9163	–0.9111	–0.8063
x_3	0.8679	–0.8969	1.0000	0.7664	0.9580	0.9516	0.9295
x_4	0.8214	–0.7890	0.7664	1.0000	0.7789	0.7623	0.8060
x_5	0.8437	–0.9163	0.9580	0.7789	1.0000	0.9942	0.9393
x_6	0.8186	–0.9111	0.9516	0.7623	0.9942	1.0000	0.9259
y	0.7970	–0.8063	0.9295	0.8060	0.9393	0.9259	1.0000

3. 预测模型的建立

根据偏最小二乘回归的建模步骤，下面来建立温室番茄顶层叶片蒸腾速率的 PLS 预报模型，计算过程如下所示。

第一步，从 $\boldsymbol{E}_0$ 中提取成分 t_1：

$$\begin{aligned} t_1 &= \left[\sum_{i=1}^{6} r(x_i,y)x_i\right] \Big/ \sqrt{\sum_{i=1}^{6} r^2(x_i,y)} \\ &= 0.3741x_1 - 0.3785x_2 + 0.4363x_3 + 0.3783x_4 + 0.4409x_5 + 0.4346x_6 \end{aligned}$$

做 y 在 t_1 上的回归，回归方程为

$$\begin{aligned} \hat{y} &= r_1 t_1 = 0.4008t_1 \\ &= 0.1499x_1 - 0.1517x_2 + 0.1749x_3 + 0.1516x_4 + 0.1767x_5 + 0.1742x_6 \end{aligned}$$

计算得到相关系数为 R = 0.9240，由交叉有效性检验知 $Q_1^2 = 0.6018 > 0.0975$，提取第二个成分 t_2，依此类推，经过五次迭代，当提取了第五个成分 t_5 的时候，计算得到相关系数为 R = 0.9704。由交叉有效性检验知 $Q_1^2 = -0.0023 < 0.0975$，成

分提取结束。所以最终确定选取 $h=4$ 个主成分(t_1, t_2, t_3, t_4)来进行建模。计算结果如表 3-3 所示。

表 3-3 计算结果

成分个数	Q_h^2	R	临界值
1	0.6018	0.9240	0.0975
2	0.4414	0.9617	0.0975
3	0.2207	0.9671	0.0975
4	0.2392	0.9687	0.0975
5	−0.0023	0.9704	0.0975

根据以上计算，选 h=4，即采用 t_1, t_2, t_3, t_4 做偏最小二乘回归，得到回归方程为

$$\hat{y}=0.0245x_1+0.4137x_2+0.4285x_3+0.2116x_4+0.3975x_5+0.2436x_6 \quad (3\text{-}24)$$

3.3.4 PLS 回归模型的检验与分析

接下来对已经建立好的回归模型进行检验，为验证该模型的泛化能力，另选取该地区 2007 年 12 月 6 日～12 月 20 日的历史数据资料，同样进行标准化处理后输入上述建好的模型式(3-12)中，然后将模型预测的结果与实测值进行对比分析，结果如图 3-12 所示。

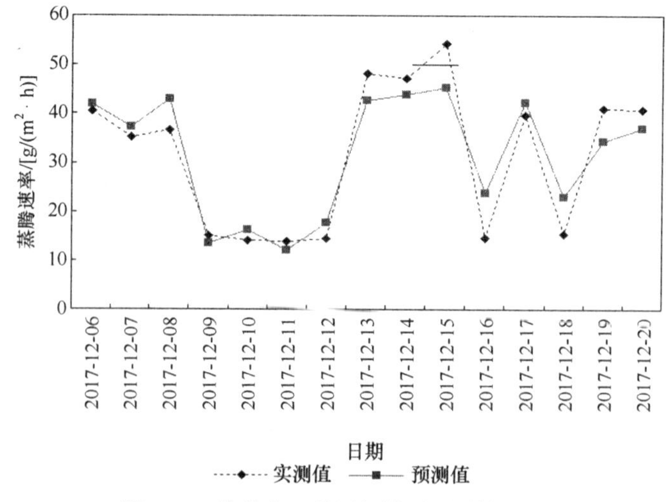

图 3-12 偏最小二乘回归模型预测效果图

经反标准化后，得到了温室番茄顶层叶片蒸腾速率实测值 y_i 的拟合值 Y_{4i}。表 3-4 给出了 y_i、Y_{4i} 及相对误差 RE_i。从表 3-4 中的相对误差看出，采用 PLS 回归模型对历史值的预测结果是相当满意的，实测值与预测值之间的相对误差平均值 $\overline{RE}$ =−0.07 g/(m² · h)。由此证明了使用 PLS 方法建立的温室作物蒸腾速率预测模型具有较强的有效性和稳健性，可以有效地估算温室番茄的叶片蒸腾速率。这一点从图 3-12 中同样可以看出。

表 3-4　*m*=4 时模型的预测效果

日期	y_i/[g/(m^2 · h)]	Y_{4i}[g/(m^2 · h)]	R_{Ei}/%
2007-12-06	40.50	41.95	−0.04
2007-12-07	35.11	37.19	−0.06
2007-12-08	36.54	42.87	−0.17
2007-12-09	15.00	13.52	0.10
2007-12-10	14.09	16.20	−0.15
2007-12-11	13.76	12.03	0.13
2007-12-12	14.46	17.59	−0.22
2007-12-13	48.29	42.66	0.12
2007-12-14	47.20	43.97	0.07
2007-12-15	54.21	45.31	0.16
2007-12-16	14.57	23.72	−0.63
2007-12-17	39.64	42.29	−0.07
2007-12-18	15.48	22.92	−0.48
2007-12-19	41.03	34.32	0.16
2007-12-20	40.80	36.96	0.09

为了进一步揭示模型拟合值和实测值的关系，对两者进行了相关性回归分析，结果如图 3-13 所示。PLS 模型拟合值和实测值之间呈正相关，相关方程为 $y = 0.7823x + 7.0203$，复相关系数 R^2 =0.887，两者具有较好的一致性，不存在

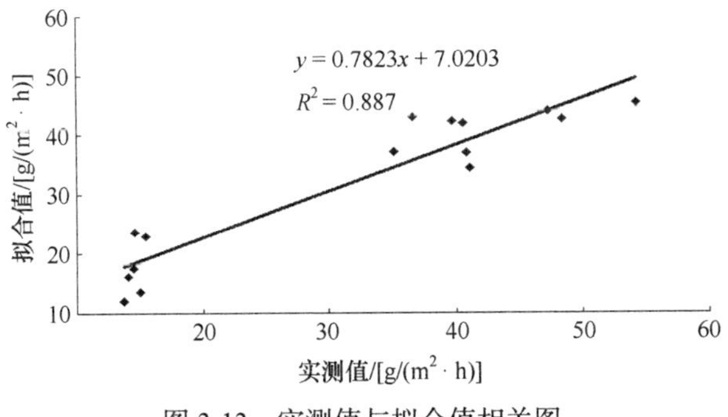

图 3-13　实测值与拟合值相关图

显著的差异。通过以上分析结果说明实测值与拟合值之间的相关性较好，无论晴天还是阴雨天气，使用偏最小二乘法建模都可以有效估算温室番茄的叶片蒸腾速率。

3.4 本章小结

本章通过田间试验，对越冬温室番茄蒸腾速率变化规律做出了深入研究，研究结果表明：温室番茄蒸腾速率与环境因子之间具有很大的相关性；三种位置叶片的蒸腾速率变化规律基本相同，在晴天呈倒“V”字形的单峰变化，阴天呈“一”字形的变化；温室番茄顶层叶片是进行蒸腾作用的主要部位；影响番茄蒸腾速率的各环境因子之间存在多重的相关性，经统计分析得到最大的方差膨胀因子 $VIP_{max}=86.46>10$，针对这种情况，本书引入偏最小二乘回归的分析方法，建立起基于土壤温度、相对湿度、平均气温、大气压、蒸发量、太阳辐射等环境因子的温室番茄蒸腾速率偏最小二乘回归模型，并对模型的预测效果进行了检验，结果令人满意。

第4章　水面蒸发法需水量计算模型

本章拟采用两类蒸发皿(D15.6 蒸发皿、E601 蒸发皿)对试验温室内的水面蒸发进行实测，尝试建立基于水面蒸发法的温室膜下滴灌作物需水量经验公式。本书以温室膜下滴灌番茄为例，首先根据 2005～2006 年试验温室实测数据分析两类蒸发皿平均日蒸发量和实测作物耗水量之间的关系及变化趋势，通过参数拟合，得到基于两类水面蒸发皿的经验公式，并利用下一年同条件下的实测数据对两种蒸发皿估算需水量的准确性进行检验和比较，具体方法介绍如下。

4.1　水面蒸发和需水量的变化规律

4.1.1　蒸发量、需水量的变化趋势

图 4-1 反映了日蒸发量和实测需水量在整个生育期内随时间的变化情况。从图中可以看出，两类蒸发皿的日蒸发量和实测需水量均随时间呈二次抛物曲线变化趋势，三者之间的变化趋势非常相似。其中，实测需水量拟合的相关系数 R^2=0.838，D15.6 蒸发皿日蒸发量拟合的相关系数为 R^2=0.822，

E601 蒸发皿的相关系数为 R^2=0.626。因此，这里可以建立作物需水量与时间的二次多项式来拟合日光温室膜下滴灌番茄在整个生育期内的作物需水量。拟合计算模型为

$$Y_i = \alpha i^2 + \beta i + r \tag{4-1}$$

式中：Y_i 为第 i 个观测时段的需水量，mm/d；i 为观测时段序列数；α 、β 为回归系数；r 为回归常数。

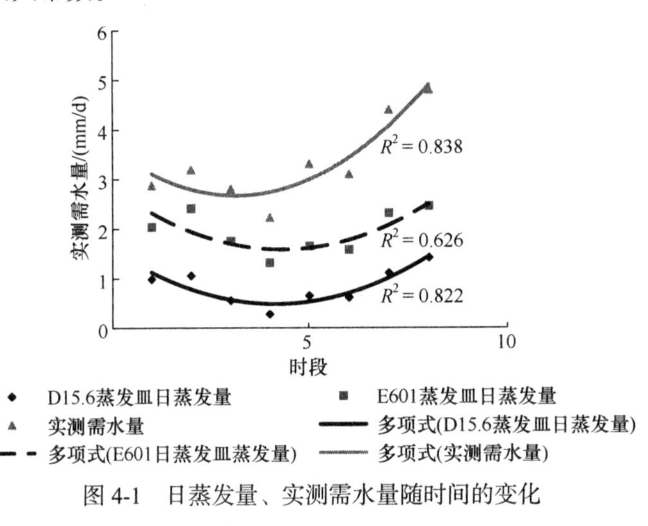

图 4-1 日蒸发量、实测需水量随时间的变化

4.1.2 蒸发量、需水量的主要影响因子分析

从图 4-2 和图 4-3 可以得出实测需水量和日蒸发量的变化主要受温度和辐射的影响。从变化趋势看，实测需水量和日蒸发量受温度影响较大，随温度升高而

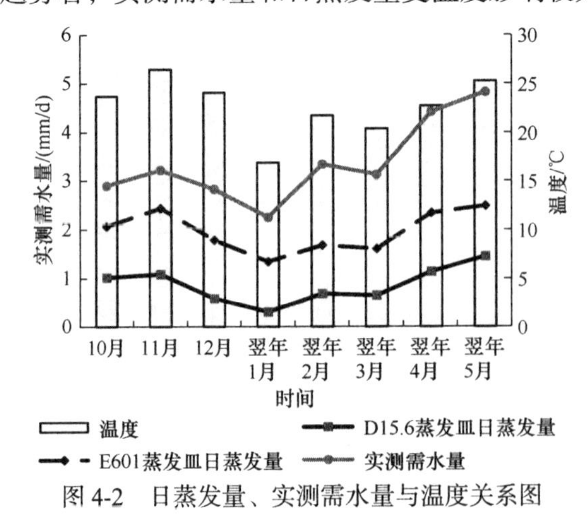

图 4-2 日蒸发量、实测需水量与温度关系图

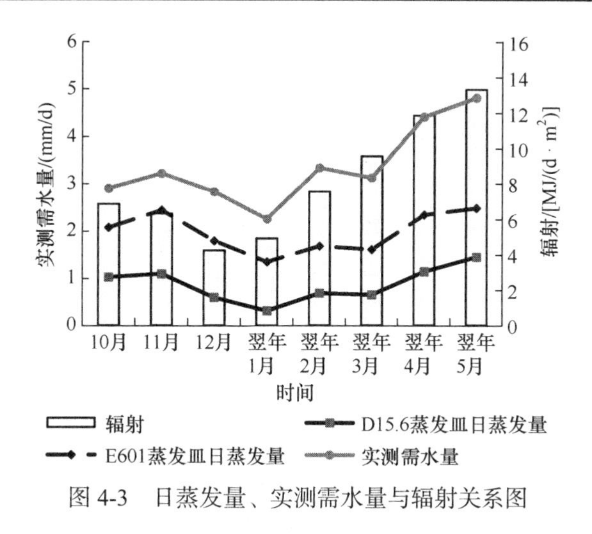

图 4-3　日蒸发量、实测需水量与辐射关系图

增大，若此时辐射增强则实测需水量和日蒸发量增大趋势变陡，辐射减弱则实测需水量和日蒸发量增大趋势变缓。

从图 4-2 和图 4-3 可以得到 E601 蒸发皿、D15.6 蒸发皿日蒸发量的总体变化趋势和实测需水量的变化趋势基本一致，可以用作参数来估算日光温室膜下滴灌番茄作物的需水量，但不能直接用日蒸发量来代替实际需水量，从图中可以看到日蒸发量和实测需水量差距明显。在翌年 1 月之后日蒸发量的变化趋势明显缓于实测需水量的变化趋势，这主要是由番茄作物长大后枝叶对蒸发皿有一定的遮挡引起的。

从图 4-3 中可以得到日蒸发量和番茄作物需水量在 10 月、11 月较强，随后开始减弱，在翌年 2 月日蒸发量和需水量回升，呈现较强的增长势头，翌年 5 月达到最大，这主要是因为 10 月、11 月气温比较高，辐射也比较强，随后气温、辐射都较 10 月、11 月有明显的下降，在翌年 1 月以后气温回暖，并不断升高，同时辐射增强，需水量也随之增加。

4.1.3　蒸发量、需水量间相关性分析

从图 4-4～图 4-8 可以得出 D15.6 蒸发皿测量的日蒸发量与实测需水量的相关性要高于 E601 蒸发皿。D15.6 蒸发皿的拟合结果除了对数型的相关系数低于 0.7000 之外，线性、乘幂型、指数型、多项式型变化趋势的相关系数的平方介于 0.7000～0.7400，差异并不大。而 E601 蒸发皿的相关系数均在 0.5000～0.6000。两种蒸发皿相比，D15.6 蒸发皿只需要一个标准面积的容器，一台高精度微型电子秤，操作简单，测定结果就比较可靠一点，而 E601 蒸发皿使用虽然简单，但因温室内小气候效应显著，大蒸发皿的蒸发量受其摆放位置和周边环境影响较大，

所测定的数据偏差就会大一些。

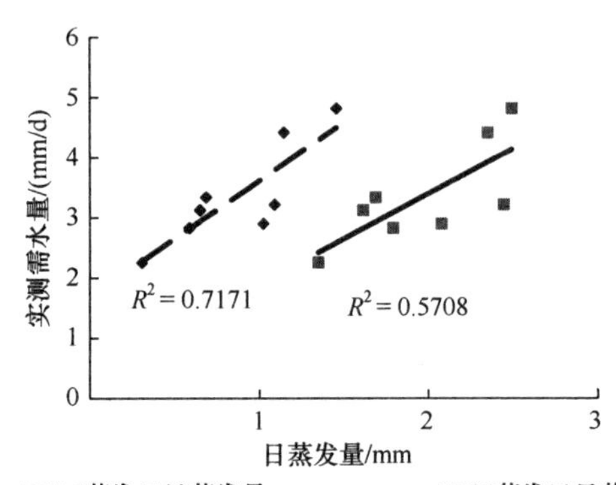

图 4-4　日蒸发量和实测需水量关系曲线(线性)

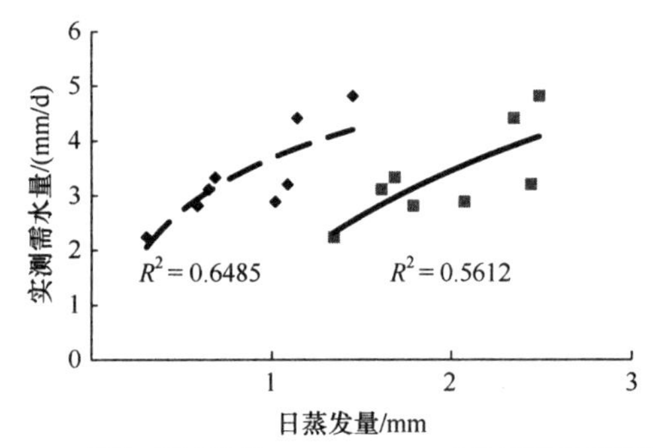

图 4-5　日蒸发量和实测需水量关系曲线(对数型)

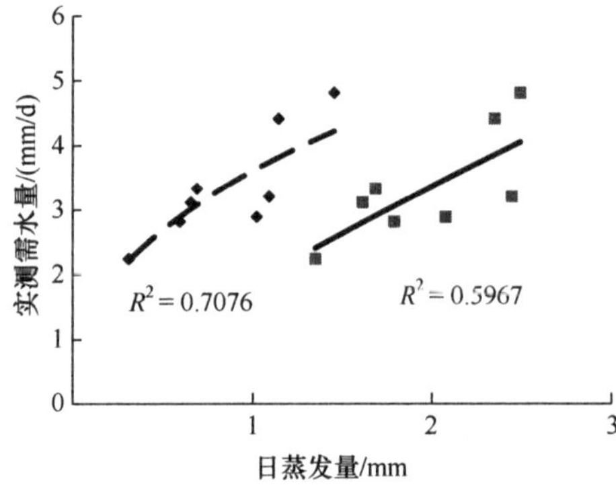

图 4-6　日蒸发量和实测需水量关系曲线(乘幂型)

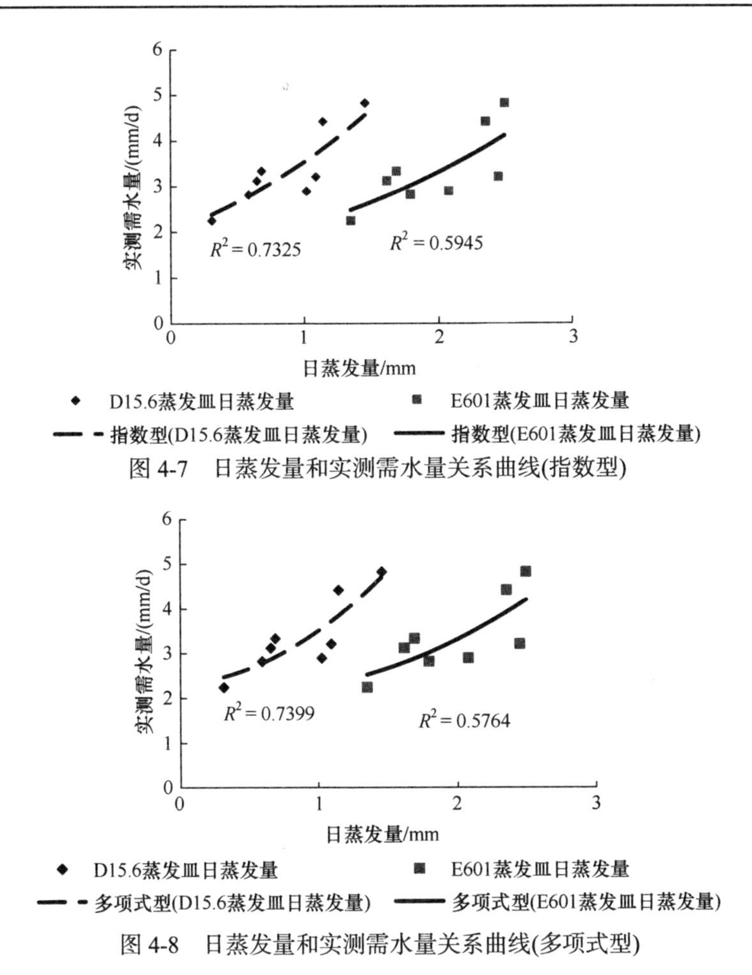

图 4-7　日蒸发量和实测需水量关系曲线(指数型)

图 4-8　日蒸发量和实测需水量关系曲线(多项式型)

根据上述四种拟合结果，考虑到线性模型简单方便，应用更加广泛，本书参考大田作物需水量水面蒸发法的经验公式，建立基于水面蒸发量的温室需水量计算模型。通过实测数据拟合得到 D15.6 蒸发皿的线性模型为 $y=1.9506x+1.6744$，$R^2=0.7171$；E601 蒸发皿的线性模型为 $y=1.3514x+0.7355$，$R^2=0.5131$。

4.2　水面蒸发法需水量计算模型验证

4.2.1　拟合结果

水面蒸发法需水量计算模型的验证是利用 2006～2007 年试验数据对所建模型的检验。将两种蒸发皿的日蒸发量代入上述模型，拟合出温室作物需水量，与试验温室实测值进行比较，结果如表 4-1、图 4-9、图 4-10 所示。

表 4-1　2006～2007 年模型计算值和实测值　(单位：mm/d)

参数	2006 年 10 月	2006 年 11 月	2006 年 12 月	2007 年 1 月	2007 年 2 月	2007 年 3 月	2007 年 4 月	2007 年 5 月
E601 蒸发皿计算值	1.672	1.925	1.220	1.183	1.743	2.128	2.647	2.787
D15.6 蒸发皿计算值	2.949	2.989	2.569	2.266	2.926	3.010	4.176	4.599
实测值	2.669	2.802	2.054	1.810	2.636	2.746	3.838	4.227

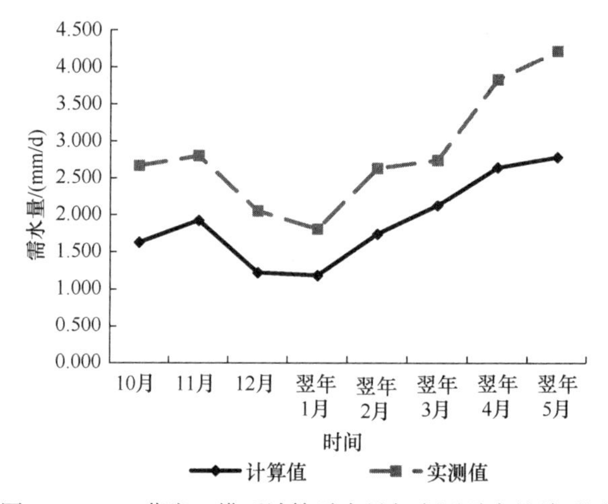

图 4-9　E601 蒸发皿模型计算需水量与实测需水量关系图

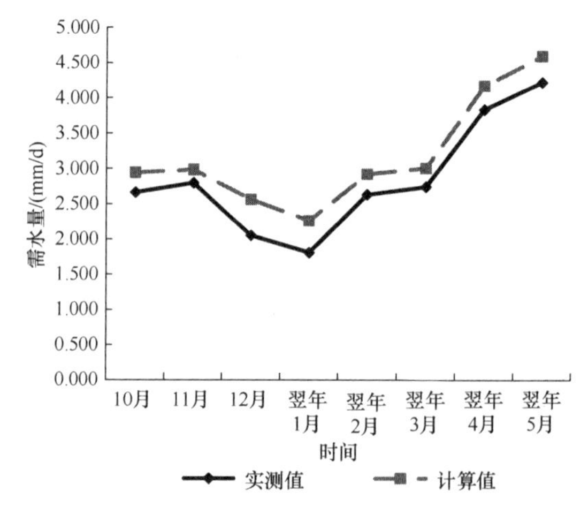

图 4-10　D15.6 蒸发皿模型计算需水量与实测需水量关系图

4.2.2 误差分析

以时域反射仪(TDR)测得的需水量为基准，通过分析 E601 蒸发皿与 D15.6 蒸发皿按照模型计算出来的需水量的相对误差和中误差来比较两者估测的准确性。

$$相对误差=\frac{|计算值-实测值|}{实测值} \tag{4-2}$$

$$中误差=\sqrt{\frac{\sum(计算值-实测值)^2}{N}} \tag{4-3}$$

E601 蒸发皿按照模型计算出来的需水量的相对误差为 0.326，中误差为 0.976，D15.6 蒸发皿按照模型计算出来的需水量的相对误差为 0.136，中误差为 0.352，可见 D15.6 蒸发皿按照模型计算出来的需水量更接近实测值。

4.3 本章小结

(1) E601 蒸发皿与 D15.6 蒸发皿按照模型计算出来的需水量的变化趋势与 TDR 测得的需水量的变化趋势基本一致，可以用来估算作物的需水量，这也验证了水面蒸发法需水量计算模型的合理性。

(2) D15.6 蒸发皿按照模型计算出来的需水量与 TDR 测得的需水量非常接近，误差小；而 E601 蒸发皿按照模型计算出来的需水量与 TDR 测得的需水量差异较大，因此在同等条件下，本书推荐采用 D15.6 蒸发皿所测蒸发量对温室内作物需水量进行估算。

第5章　作物系数法需水量计算模型

本章主要对作物系数法需水量模型进行了研究，通过观测的数据分析实测作物需水量和参考作物蒸发蒸腾量的变化规律，作物系数随时间的变化趋势，温室内辐射、平均温度等对各个阶段作物需水量及作物系数(Kc)的影响，具体的分析过程如下。

5.1　需水量和作物系数年变化规律分析

5.1.1　作物需水量

从(图 5-1～图 5-3)中得到参考作物蒸发蒸腾量和实测作物需水量在各个阶段的变化主要受温度和棚内辐射的影响，温度、辐射较高时，参考作物蒸发蒸腾量和实测作物需水量较大，温度、辐射较低时，两者也较低。从曲线的变化趋势看出参考作物蒸发蒸腾量随着辐射的升降而升降，两者的变化趋势基本一致，因此参考作物蒸发蒸腾量受棚内辐射的影响较大；而实测作物需水量随着温度的升降而升降，受温度的影响大一些。

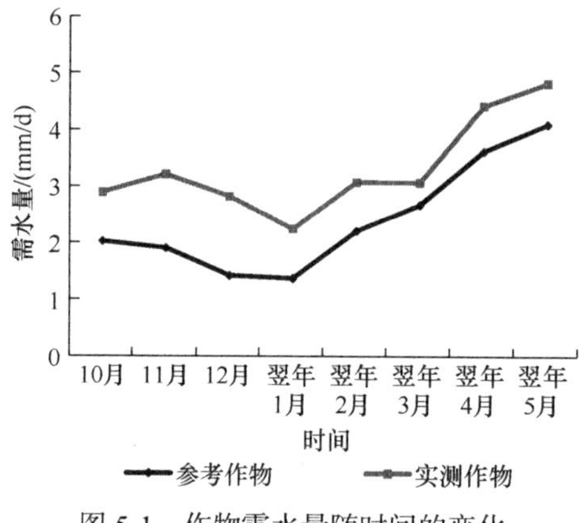

图 5-1　作物需水量随时间的变化

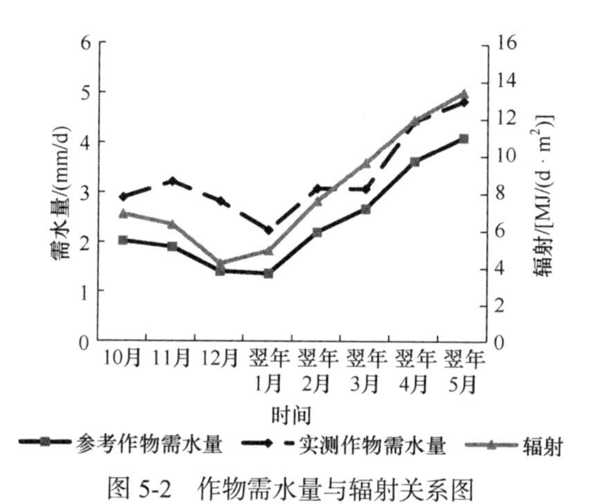

图 5-2　作物需水量与辐射关系图

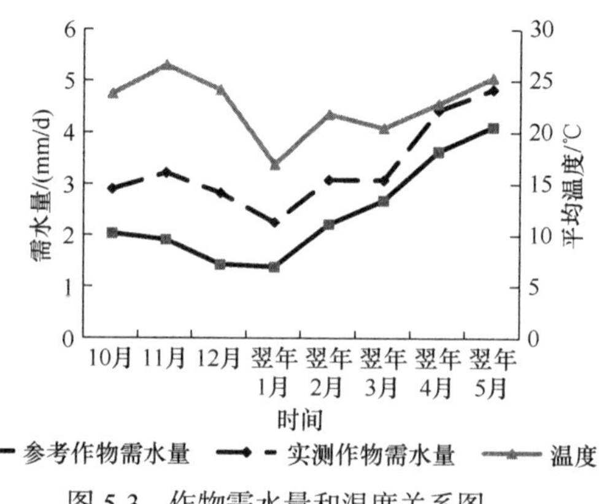

图 5-3　作物需水量和温度关系图

从图 5-1 中得出参考作物蒸发蒸腾量与实测作物需水量在 10～11 月较高，呈上升趋势，之后开始下降，到翌年 1 月降至最低，随后开始逐步上升，翌年 5 月达到最大。参考作物蒸发蒸腾量曲线与实测作物需水量曲线的变化趋势基本一致，符合作物系数法需水量计算模型。只是在 11 月和翌年 3 月有稍微差异：10～11 月参考作物蒸发蒸腾量有所下降，而实测作物需水量却呈上升趋势；翌年 2～3 月参考作物蒸发蒸腾量明显增加，而实测作物需水量却有下降趋势。这些差异主要是由此阶段温度与辐射不同步，参考作物蒸发蒸腾量和实测作物需水量受各自主导影响因素(参考作物蒸发蒸腾量受棚内辐射影响，实测作物需水量受温度影响)的影响造成的。

从图 5-1 中得出参考作物蒸发蒸腾量与实测作物需水量在 10～11 月较高，呈上升趋势，之后开始下降，到翌年 1 月降至最低，随后开始逐步上升，翌年 5 月达到最大。参考作物蒸发蒸腾量曲线与实测作物需水量曲线的变化趋势基本一致，符合作物系数法需水量计算模型。只是在 11 月和翌年 3 月有稍微差异：10～11 月参考作物蒸发蒸腾量有所下降，而实测作物需水量却呈上升趋势；翌年 2～3 月参考作物蒸发蒸腾量明显增加，而实测作物需水量却有下降趋势。这些差异主要是由此阶段温度与辐射不同步，参考作物蒸发蒸腾量和实测作物需水量受各自主导影响因素(参考作物蒸发蒸腾量受棚内辐射影响，实测作物需水量受温度影响)的影响造成的。

从图 5-2 和图 5-3 中得到参考作物蒸发蒸腾量和实测作物需水量在各个阶段的变化主要受温度和棚内辐射的影响，温度、辐射较高时，参考作物蒸发蒸腾量和实测作物需水量较大，温度、辐射较低时，两者也较低。从曲线的变化趋势看出参考作物蒸发蒸腾量随着的辐射的升降而升降，两者的变化趋势基本一致，因此参考作物蒸发蒸腾量受棚内辐射的影响较大；而实测作物需水量随着温度的升降而升降，受温度的影响较大一些。

5.1.2 作物系数

从图 5-4 得到作物系数 Kc 在 10 月～翌年 5 月总体上呈先上升后下降的趋势，在翌年 3～5 月有小幅度的升降变化，但对于总体趋势无影响，在 12 月 Kc 达到峰值。

从图 5-4 得到日光温室控制条件下作物系数(Kc>1)原因主要是：①生长季节室内作物的蒸发蒸腾量较室外低；②室内增温保温及小气候效应显著；③由于封闭，室内空气流动性差，风速接近于零且空气相对湿度经常接近于饱和[135]。

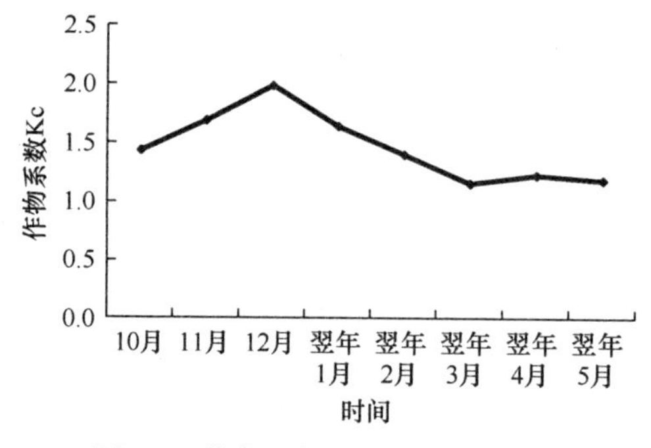

图 5-4　作物系数 Kc 随时间的变化

从图 5-5～图 5-7 得出作物系数 Kc 的变化主要受温度和辐射的影响。作物系数 Kc 与辐射呈负相关的关系，随辐射升高而降低，若此时温度升高则作物系数 Kc 降低趋势变缓，若温度降低则作物系数 Kc 降低趋势变陡。

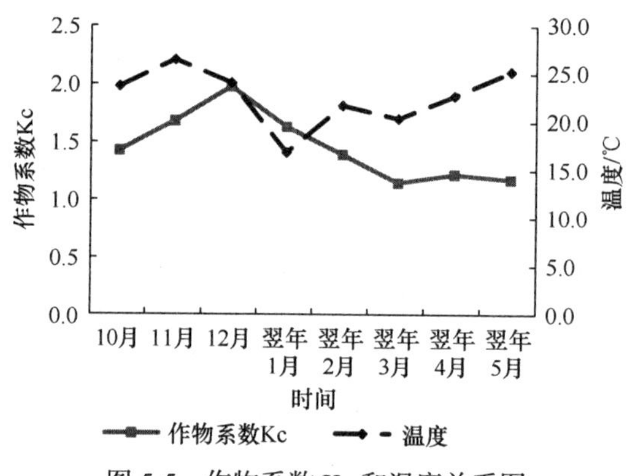

图 5-5　作物系数 Kc 和温度关系图

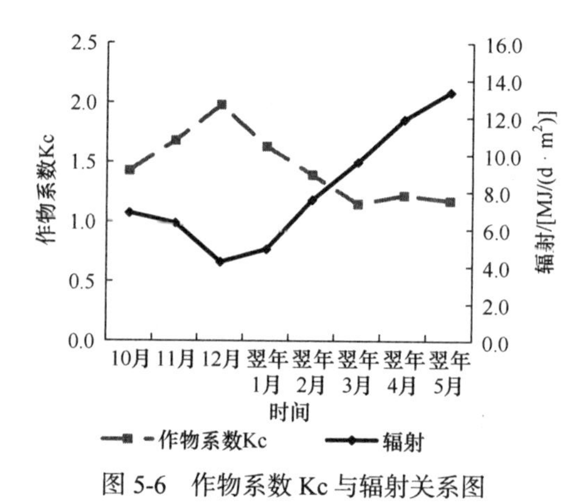

图 5-6　作物系数 Kc 与辐射关系图

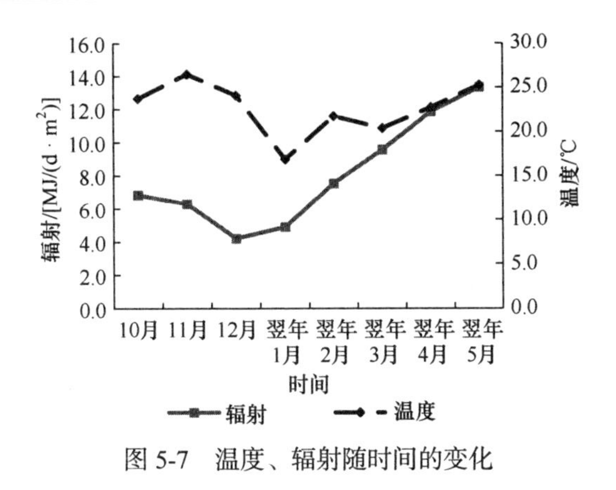

图 5-7　温度、辐射随时间的变化

5.2　需水量和作物系数月变化规律分析

1. 11 月变化规律

该阶段，温度较高，辐射较大，需水量较大。上旬到中旬受温度和辐射变化不同步的影响，实测需水量减少，参考值增加，导致作物系数减小；中旬到下旬辐射升高，作物系数减小，由于温度升高，减小幅度变缓。详见表 5-1、图 5-8。

表 5-1　11 月的 ET、ET_0、Kc 值

参数	11 月上旬	11 月中旬	11 月下旬
实测值 ET/(mm/d)	4.029 9	3.360 5	2.261 3
计算值 ET_0/(mm/d)	1.913 6	2.126 2	1.708 4
作物系数 Kc	2.105 9	1.580 5	1.323 6

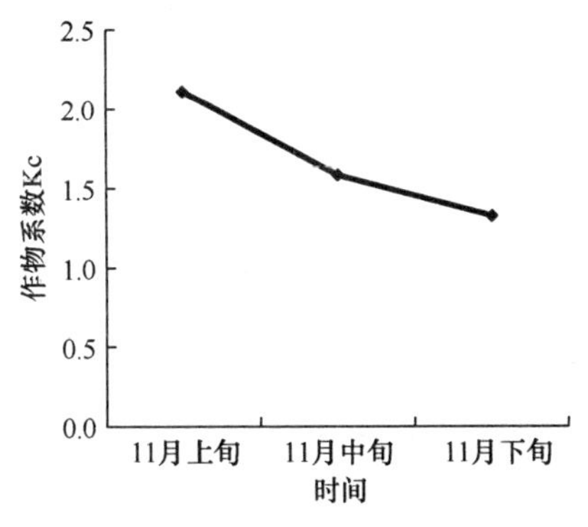

图 5-8　11 月作物系数 Kc 随时间的变化

2. 12 月变化规律

该阶段，温度、辐射比上一阶段低，所以需水量下降。上旬到中旬在温度、辐射影响下，实测需水量和参考值增加，作物系数减小；中旬到下旬实测需水量和参考值随温度、辐射的降低而下降，作物系数增大。详见表 5-2 和图 5-9。

表 5-2　12 月的 ET、ET_0、Kc 值

参数	12 月上旬	12 月中旬	12 月下旬
实测值 ET/(mm/d)	2.759 3	3.317 4	2.444 8
计算值 ET_0/(mm/d)	1.285 7	1.740 6	1.077 4
作物系数 Kc	2.146 1	1.905 9	2.269 1

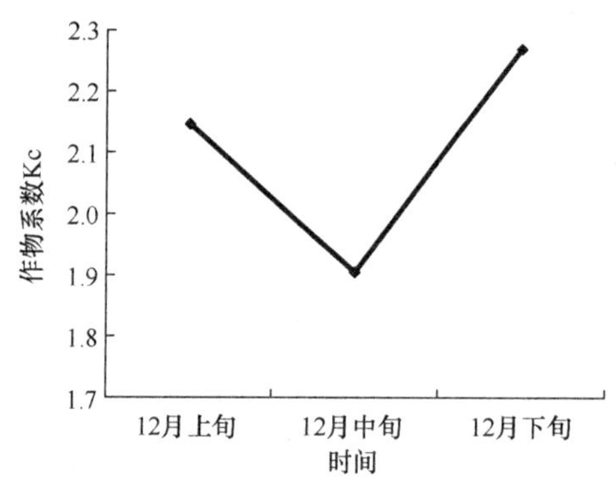

图 5-9　12 月作物系数 Kc 随时间的变化

3. 翌年 1 月变化规律

该阶段，温度和辐射比上一阶段低，需水量也有所下降，作物系数也比上一阶段小。上旬到中旬，辐射增加，温度降低，作物系数减小；中旬到下旬温度、辐射增加，作物系数减小，但趋势变缓。详见表 5-3 和图 5-10。

表 5-3　翌年 1 月的 ET、ET_0、Kc 值

参数	翌年 1 月上旬	翌年 1 月中旬	翌年 1 月下旬
实测值 ET/(mm/d)	2.058 7	1.839 5	3.171 2
计算值 ET_0/(mm/d)	1.088 3	1.191 1	2.235 6
作物系数 Kc	1.891 7	1.544 4	1.418 5

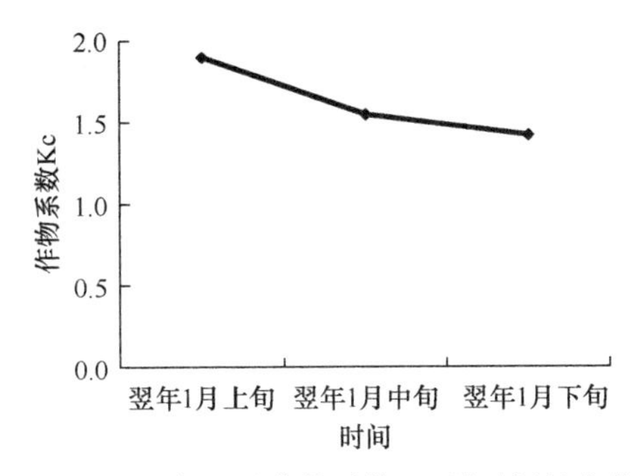

图 5-10　翌年 1 月作物系数 Kc 随时间的变化

4. 翌年 2 月变化规律

该阶段温度、辐射都较上一阶段高，作物需水量较上一阶段高，温度、辐射变化不均匀使得作物系数较上一阶段小。该阶段从上旬到中旬温度、辐射降低较小，作物系数增加，中旬到下旬温度、辐射有所增加，作物系数在该阶段呈下降趋势，但趋势较缓。详见表 5-4 和图 5-11。

表 5-4　翌年 2 月的 ET、ET_0、Kc 值

参数	翌年 2 月上旬	翌年 2 月中旬	翌年 2 月下旬
实测值 ET/(mm/d)	3.347 0	2.739 3	3.178 3
计算值 ET_0/(mm/d)	2.043 5	1.995 6	2.711 0
作物系数 Kc	1.637 8	1.372 7	1.172 4

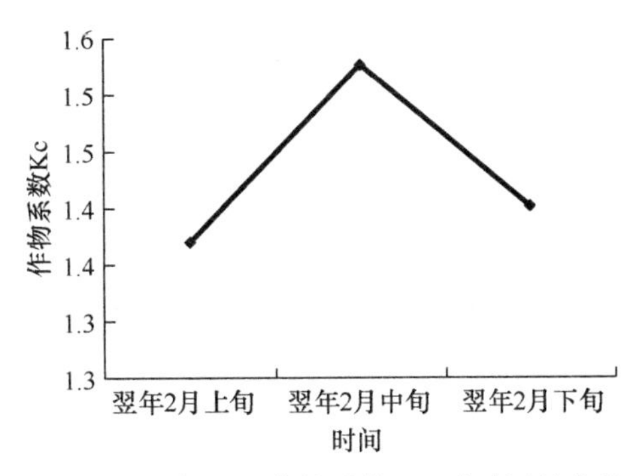

图 5-11　翌年 2 月作物系数 Kc 随时间的变化

5. 翌年 3 月变化规律

该阶段辐射比较上一阶段高，温度在上旬、中旬比上一阶段低，下旬气温回升高于上一阶段，由于整体气温偏低，该阶段作物系数较上一阶段小，需水量也比上一阶段有所减少。上旬到下旬辐射、温度降低，作物系数呈增加的趋势，在中旬到下旬辐射、温度增大，作物系数降低但趋势变缓。详见表 5-5 和图 5-12。

表 5-5　翌年 3 月的 ET、ET_0、Kc 值

参数	翌年 3 月上旬	翌年 3 月中旬	翌年 3 月下旬
实测值 ET/(mm/d)	2.943 2	2.577 5	3.549 6
计算值 ET_0/(mm/d)	2.780 6	2.253 9	3.158 2
作物系数 Kc	1.058 5	1.143 6	1.124 0

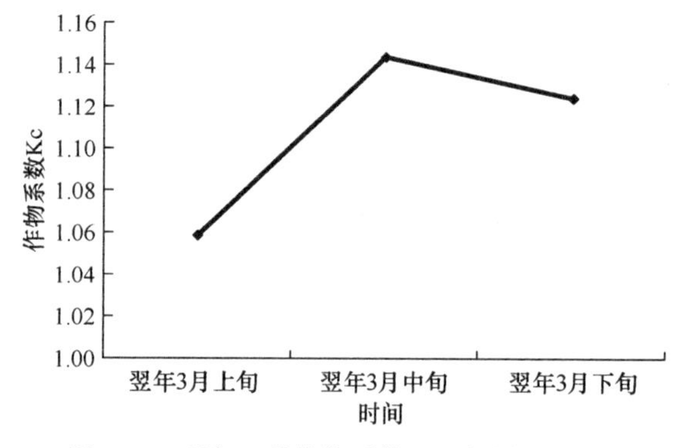

图 5-12　翌年 3 月作物系数 Kc 随时间的变化

6. 翌年 4 月变化规律

该阶段温度、辐射较高，作物需水量也有明显的升高，作物系数也比前一阶段高。在该阶段内作物系数整体呈下降趋势，因为温度、辐射都有明显的升降，辐射波动比温度大。详见表 5-6 和图 5-13。

表 5-6　翌年 4 月的 ET、ET_0、Kc 值

参数	翌年 4 月上旬	翌年 4 月中旬	翌年 4 月下旬
实测值 ET/(mm/d)	4.717 8	4.369 9	4.501 1
计算值 ET_0/(mm/d)	3.526 6	3.729 6	4.025 3
作物系数 Kc	1.337 8	1.171 7	1.118 2

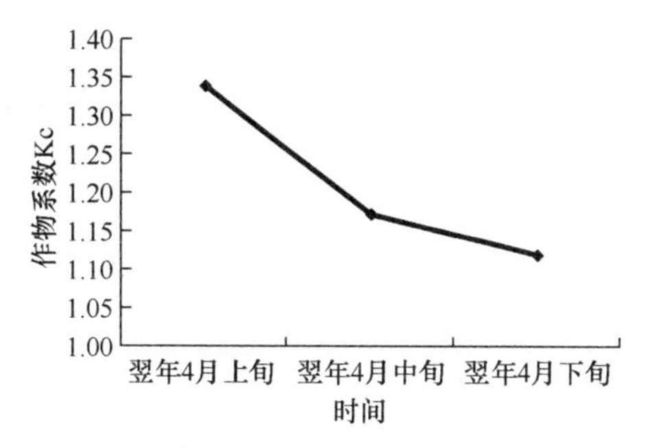

图 5-13　翌年 4 月作物系数 Kc 随时间的变化

7. 翌年 5 月变化规律

该阶段温度、辐射都较高，作物需水量增加，但是作物系数却较上一阶段低，原因是该阶段实测需水量和参考值虽然都有所增加，但是由于温度、辐射比较高，参考值增幅比较大，而且此时作物处于生长末期，实测需水量增幅较小，几乎没有什么变化，故导致作物系数降低。详见表 5-7 和图 5-14。

表 5-7　翌年 5 月的 ET、ET_0、Kc 值

参数	翌年 5 月上旬	翌年 5 月中旬
实测值 ET/(mm/d)	4.838 9	4.811 7
计算值 ET_0/(mm/d)	3.870 3	4.335 2
作物系数 Kc	1.250 3	1.109 9

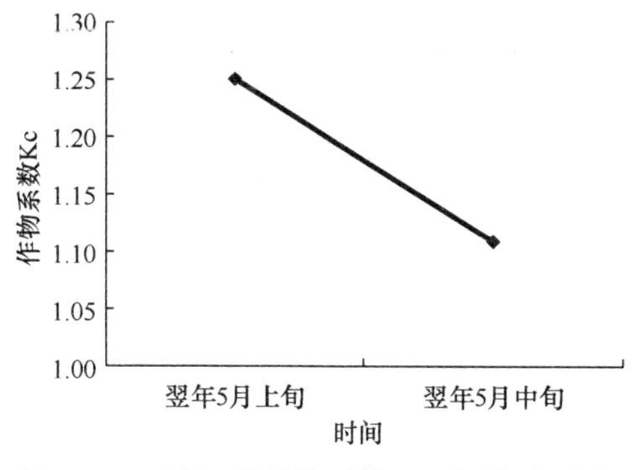

图 5-14　翌年 5 月作物系数 Kc 随时间的变化

5.3 作物系数法需水量计算模型验证

5.3.1 拟合结果

作物系数法需水量计算模型的验证同样是利用 2006～2007 年试验数据对所建模型的检验。将彭曼公式计算得到的参考作物需水量 ET_0，根据 $ET' = KcET_0$ 拟合出温室作物需水量，并与试验温室实测值进行比较。拟合结果如图 5-15、表 5-8 所示。

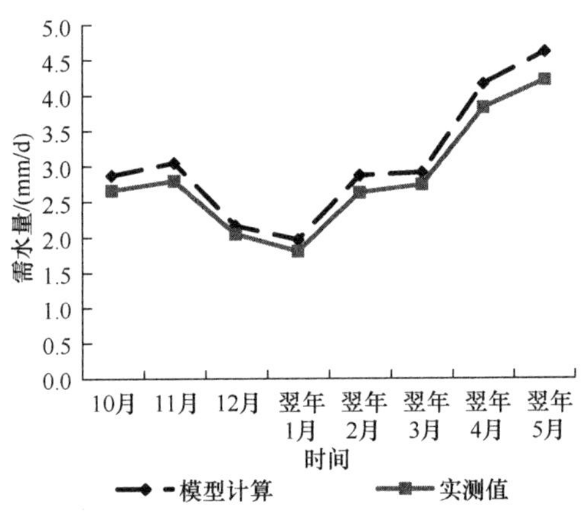

图 5-15　实测需水量和模型计算需水量关系图

表 5-8　各个月的 ET_0、Kc、ET′、ET

参数	2006 年 10 月	2006 年 11 月	2006 年 12 月	2007 年 1 月	2007 年 2 月	2007 年 3 月	2007 年 4 月	2007 年 5 月
ET_0	2.022	1.821	1.099	1.212	2.071	2.544	3.423	3.935
Kc	1.424	1.679	1.976	1.629	1.390	1.148	1.219	1.176
ET′	2.879	3.057	2.172	1.974	2.879	2.921	4.173	4.627
ET	2.669	2.802	2.054	1.810	2.636	2.746	3.838	4.227

5.3.2 误差分析

以时域反射仪(TDR)测得的需水量为基准，通过式(4-2)、式(4-3)得出按照作物系数法模型计算出来的需水量的相对误差为 0.072，中误差为 0.253。可见将作物系数法需水量计算模型得出的需水量与水面蒸发法需水量计算模型得出的需水量进行误差对比，发现作物系数法需水量计算模型得出的需水量更准确。

5.4　本章小结

将用作物系数法需水量计算模型所求得的需水量与 TDR 测得的需水量放在同一图中得到：两者的变化趋势基本一致，只是计算出来的需水量比实测需水量稍微大一些，主要是因为日光温室中作物系数 Kc 值较大，但是两者的数值非常接近，因此可以用作物系数法需水量计算模型所求得的需水量作为作物的实际需水量，同时也进一步验证了作物系数法需水量计算模型的合理性。

通过误差分析得出：作物系数法需水量计算模型得出的需水量比水面蒸发法需水量计算模型得出的需水量更接近 TDR 实测的需水量，因此在估算作物需水量时作物系数法需水量计算模型优于水面蒸发法需水量计算模型。

第 6 章 神经网络理论和 MATLAB 神经网络工具箱

6.1 神经网络简介

神经网络[136]是一种自适应的高度非线性动力系统，在网络计算的基础上，经过多次重复组合，能够完成多维空间的映射任务。神经网络理论是在 20 世纪提出的。自此以后，由于其自身固有的超强适应能力和学习能力，神经网络在很多领域获得了极其广泛的应用，解决了许多传统方法难以解决的问题，发挥了巨大的作用。迄今为止，神经网络在自动控制、计算机科学、机器学习、故障诊断与检测、心理学乃至经济学等领域都有着大量的应用。

6.1.1 人工神经网络概述

人工神经网络[137](artificial neural network，ANN)是一个由大量简单的处理单元(神经元)广泛连接组成的人工网络，用来模拟大脑神经系统的结构和功能。它能从已知数据中自动归纳规则，获得这些数据的内在规律，具有很强的非线性映射能力。人工神经网络已经广泛地应用于模式识别、信号处理及人工智能等各个领域。

人工神经网络有以下几个突出的优点：

(1) 高度的并行性。人工神经网络由许多相同的简单处理单元并联组合而成，虽然每个单元的功能简单，但大量简单处理单元的并行活动，使其对信息的处理能力与效果惊人。

(2) 高度的非线性全局作用。人工神经网络每个神经元接受大量其他神经元的输入，并通过并行网络产生输出，影响其他神经元。网络之间的这种互相制约和影响，实现了从输入到输出的非线性映射。

(3) 良好的容错性与联想记忆功能。

(4) 很强的自适应、自学习功能。人工神经网络可以通过训练和学习来获得网络的权值与结构，呈现出很强的自学习能力和对环境的适应能力。

6.1.2　人工神经网络模型

人工神经网络中最基本的组成单位就是人工神经元[114](图 6-1)，人工神经元是神经网络中最基本的组成单位，相当于一个多输入多输出的非线性阈值器件。人工神经元的输出可以描述为

$$Y_k = f\left(\sum_{j=1}^{n} w_{ik} x_i - \theta_k\right) \tag{6-1}$$

式中：x_i 为第 i 个输入信号；w_{ik} 为与第 i 个输入信号对应的神经元权值；θ_k 为该神经元的阈值；$f(\cdot)$ 为激活函数；Y_k 为神经元输出。

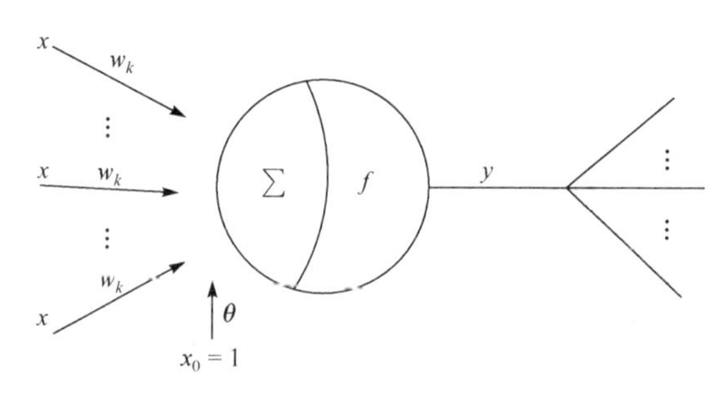

图 6-1　人工神经元模型

6.1.3　神经网络激活函数

1. 激活函数的作用

激活转移函数也称激活函数，是神经元及网络的核心，它的作用为：控制输入到输出的激活作用；对输入、输出进行函数转换；将可能无限域的输入变换成指定的有限范围的输出。

2. 激活函数的分类

常用的几种激活函数如下。

1) 值型函数

$$f(\text{net})=\begin{cases}1, & \text{net}\geqslant 0\\ 0, & \text{net}<0\end{cases} \tag{6-2}$$

这种激活函数将任意输入转化为 0 或 1 的输出，函数 $f(\cdot)$ 为激活函数。这时相应的输出 y_k 为

$$y_k=\begin{cases}1, & \text{net}\geqslant 0\\ 0, & \text{net}<0\end{cases} \tag{6-3}$$

其中：$\text{net}_k=\sum_{i=1}^{n} w_{ik}x_i-\theta_k$ ，常称此种神经元为 M-P 模型。

2) 线性型函数

$$f(\text{net})=\begin{cases}1, & \text{net}\geqslant 1\\ (1+\text{net})/2, & -1<\text{net}<1\\ 0, & \text{net}\leqslant -1\end{cases} \tag{6-4}$$

它类似于一个放大系数为 1 的非线性放大器，当工作于线性区域时，它是一个线性组合，当放大系数趋于无穷大时，变成一个阈值单元。线性型函数使网络的输出等于加权输入和加上偏差。

3) S 型函数

S 型函数将任意输入值压缩到(0，1)或(−1，1)的范围内，此种激活函数常用对数或双曲正切等一类 S 形状的曲线来表示。

目前较为常用的 S 型函数有以下两种：

$$f(x)=\frac{1}{1+\mathrm{e}^{-x}} \tag{6-5}$$

$$f(x)=\frac{\mathrm{e}^{x}-\mathrm{e}^{-x}}{\mathrm{e}^{x}+\mathrm{e}^{-x}}f(x) \tag{6-6}$$

S 型函数由于其连续、可微的性质，得到了较广泛的应用。在 BP 网络中就采用了这种类型的激活函数。因为 S 型函数具有非线性放大系数功能，它可以把输入从负无穷大到正无穷大的信号，变成–1～1 的输出，对较大的输入信号，放大系数较小；而对较小的输入信号，放大系数则较大。所以采用 S 型函数可以去处理和逼近非线性的输入/输出关系。

不过，如果在输出层采用 S 型函数，输出则被限制到一个很小的范围，若采用线性型函数，则可使网络输出任何值。在一般情况下，均是在隐含层采用 S 型函数，而输出层采用线性型函数。

6.1.4 神经网络模型分类

神经网络模型各种各样，他们是从不同的角度进行不同层次的描述和模拟。神经网络按网络结构可分为前馈型和反馈型；按学习方式可分为有导师和无导师学习。有代表性的模型[109]主要有以下几种。

1. 误差反向传播网络

误差反向传播网络(BP 网络)是基于误差反向传播算法的多层前馈神经网络。每个神经元只前馈到其下一层的所有神经元，没有层内联结、各层联结和反馈联结。主要采用 S 型函数。

2. Hopfield 网络

Hopfield 也是一种反馈网络，网络中的每一个神经元都将自己的输出通过连接权传递给所有其他神经元，同时又接收其他神经元传递过来的信息，所以该系统具有系统的动态性能，一般用于联想记忆和优化计算。

3. 径向基函数网络

径向基函数网络(RBF 网络)也是一种前馈网络，它的特点是网络的学习速度和收敛较快，但是，所需训练样本要多一些。RBF 网络采用高斯型传递函数。

4. Elman 动态回归神经网络

Elman 动态回归神经网络(Elman 网络)是 J. L. Elman 于 1990 年首先针对语音处理问题而提出来的，是一种典型的局部回归网络。Elman 网络可以看成是一个具有局部记忆单元和局部反馈连接的递归神经网络，具有与多层前向网络相似的多层结构。

根据各神经网络模型的特点及适用范围，本书针对所研究的对象和内容，将重点介绍 BP 网络及 Elman 网络模型的原理及应用情况。

6.2　误差反向传播网络

BP网络[114]又称误差反向传播网络，是1986年由Rumelhart和McCelland为首的科学家小组提出的一种将 Widrow-Hoff(W-H)学习规则一般化，按误差反向传播算法对非线性可微分函数进行权值训练的多层前馈神经网络。BP网络利用输出后的误差来估计输出层的直接前导层的误差，再用这个误差估计更前一层的误差，如此一层一层地反向传播下去，就获得了所有其他各层的误差估计。这样就形成了将输出层表现出的误差沿着与输入传送相反的方向逐级向网络的输入层传递的过程。因此，人们将此算法称为误差反向传播算法。

BP网络是目前使用最广泛，也是发展最成熟的一种神经网络。BP网络包含了神经网络理论中最精华的部分，其结构简单，可塑性强，BP网络明确的数学意义、步骤分明的学习算法更使其具有广泛的应用背景。在人工神经网络的实际应用中，80%～90%的人工神经网络模型是采用 BP网络或它的变化形式，它也是前向网络的核心部分。

BP网络主要用于以下方面。

(1) 函数逼近：用输入矢量和相应的输出矢量训练一个网络，逼近一个函数。

(2) 模式识别：用一个特定的输出矢量将它与输入矢量联系起来。

(3) 分类：把输入矢量以所定义的合适方式进行分类。

(4) 数据压缩：减少输出矢量维数以便于传输或存储。

6.2.1　BP网络结构

BP网络是基于误差反向传播算法的多层前馈网络，多层 BP网络不仅有输入节点、输出节点，而且还有一层或多层隐含节点。三层 BP网络的拓扑结构如图6-2所示，包括输入层、输出层和一个隐含层。各神经元与下一层所有的神经元联结，同层各神经元之间无联结，用箭头表示信息的流动。

6.2.2　BP网络原理

BP网络的产生归功于BP算法的获得，BP算法[114]的基本思想是最小二乘法或称LMS(least mean squares)算法，属于δ算法，是一种监督式的学习算法。

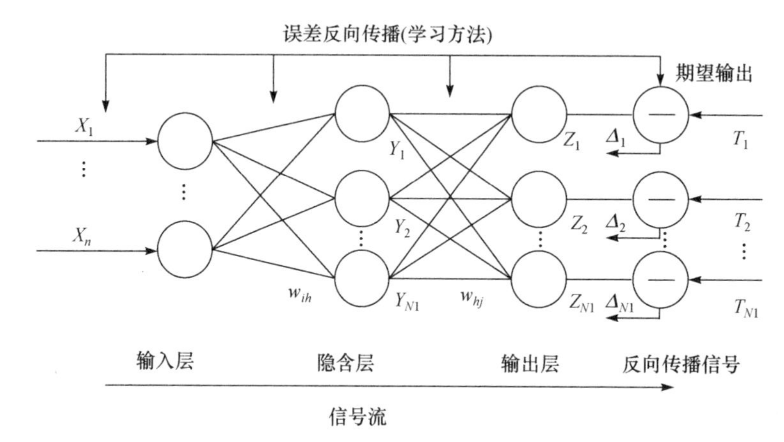

图 6-2　基于误差反向传播算法的神经网络模型

其主要思想为：对于 q 个输入学习样本 $p^1, p^2, \cdots, p^q$，已知与其对应的输出样本为 $T^1, T^2, \cdots, T^q$。学习的目的是用网络的实际输出 $A^1, A^2, \cdots, A^q$ 与目标矢量 $T^1, T^2, \cdots, T^q$ 之间的误差来修改其权值，使 $\boldsymbol{A}$ 与期望的 $\boldsymbol{T}$ 尽可能接近，即以期使网络的实际输出值与期望输出值的误差均方值为最小。它是通过连续不断地在相对于误差函数斜率下降的方向上(即采用梯度搜索技术)计算网络权值和偏差的变化而逐渐逼近目标的。网络学习过程是一种误差边向后传播边修正权向量和阈值向量的过程。

BP 算法[114]由两部分组成：信息的正向传递与误差的反向传播。在正向传递过程中，输入信息从输入经隐含层逐层计算传向输出层，每一层神经元的状态只影响下一层神经元的状态。如果在输出层没有得到期望输出，则计算输出层的误差变化值，然后反向传播，通过网络将误差信号沿原来的连接通路反传回来，修改各神经元的权值直至达到期望目标。其算法流程如图 6-3 所示。

用 BP 算法训练 BP 网络[131]的步骤如下。

1. 连接权值初始化

网络训练开始时连续权值为未知数，一般用较小的随机数作为各层连接权值的初始值。

2. 计算各层神经元的输出值

输入信号由输入层正向传播的过程可用式(6-7)和式(6-8)表示。

$$y_i = f_1\left(\sum_{j=1}^{n_1} w_{ij}x_j - \theta_i\right) = f_1(\text{net}_i),\quad i = 1,2,\cdots,n_2 \tag{6-7}$$

$$O_l = f_2\left(\sum_{i=1}^{n_2} T_{li}y_i - \theta_j\right) = f_2(\text{net}_l),\quad l = 1,2,\cdots,n_3 \tag{6-8}$$

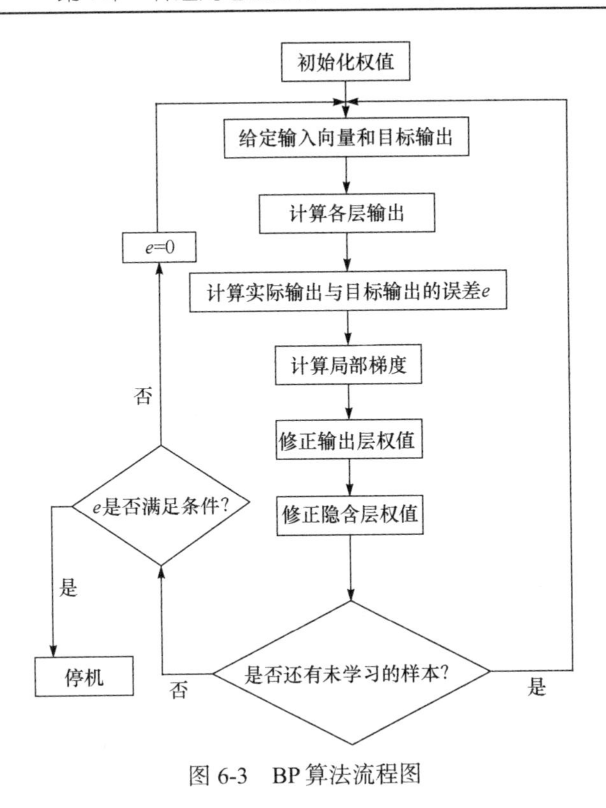

图 6-3　BP 算法流程图

式中：$\text{net}_i = \sum_{j=1}^{n_1} w_{ij} x_j - \theta_i$；$\text{net}_l = \sum_{i=1}^{n_2} T_{li} y_i - \theta_j$；$\theta_i$、$\theta_j$ 分别为隐含层和输入层的阈值；f_1、f_2 为激活函数，隐含层激活函数 f_1 为 S 型函数，输出层激活函数 f_2 为线性型函数。

$$f_1(x) = \frac{1}{1+\mathrm{e}^{-x}} \tag{6-9}$$

3. 输出节点的误差公式

当输出节点的期望输出为 t_l 时，输出节点的误差公式为

$$E = \frac{1}{2}\sum_{l=1}^{n_1}(t_l - O_l)^2 = \frac{1}{2}\sum_{l=1}^{n_3}\left\{t_l - f_2\left[\sum_{i=1}^{n_2} T_{li} f_1\left(\sum_{j=1}^{n_1} w_{ji} x_j - \theta_i\right) - \theta_j\right]^2\right\}^2 \tag{6-10}$$

4. 连接权值和阈值的常规修正方法

连接权值的修正采用梯度下降法，每一次连接权值的修正量与误差函数的梯度成正比，从输入层反向传递到各层。各层的连接权值修正量为

$$\Delta T_{li} = \eta \delta_l y_i \tag{6-11}$$

$$\Delta w_{ij} = \eta \delta_i x_j \tag{6-12}$$

式中：η 为学习效率，δ_l、δ_i 可用式(6-13)、式(6-14)表示为

$$\delta_l = (t_l - O_l) \cdot f_2'(\text{net}_l) \tag{6-13}$$

$$\delta_i = f_1'(\text{net}_i) \sum_{l=1}^{n_3} \delta_l T_{li} \tag{6-14}$$

其中：f_1'、f_2' 分别为激活函数 f_1、f_2 的倒数。

阈值 θ 也是一个变化值，在修正权值的同时也修正了它，原理与权值的修正一样。在样本训练到 k 时段，输出层与隐含层的阈值分别为 $\theta_l(k)$ 和 $\theta_i(k)$，经过修正后其阈值变为 $\theta_l(k+1)$ 和 $\theta_i(k+1)$，即

$$\theta_l(k+1) = \theta_l(k) + \eta \delta_l \tag{6-15}$$

$$\theta_i(k+1) = \theta_i(k) + \eta \delta_i \tag{6-16}$$

根据上述修正公式，计算出新的权值和阈值，判断网络误差是否满足要求。当 $E<\varepsilon$(ε 为误差目标值)或者学习次数大于设定的最大次数 M，则结束算法。否则，随机选取下一个学习样本及对应的期望输出，返回步骤 2)进行下一轮的学习过程。如此循环往复直至输出层误差平方 E 达到给定的拟合误差，网络训练结束。

6.3 Elman 动态回归神经网络

能够更直接更生动地反映系统动态特性的网络应该是动态神经网络[138]，即动态回归神经网络(recurrent neural network)。与前馈神经网络分为全局逼近网络与局部逼近网络类似，动态回归神经网络也可分为完全回归与部分回归网络。完全回归网络具有任意的前馈与反馈连接，且所有连接权都可进行修正。而在部分回归网络中，主要的网络结构是前馈，其连接权可以修正；反馈连接由一组所谓"结构" (context)单元构成，其连接权不可以修正。这里的结构记忆隐含层单元过去的状态，并且在下一时刻连同网络输入，一起作为隐含层单元的输入。这一性质使部分递归网络具有动态记忆的能力。

Elman 动态回归神经网络是 Elman 于 1990 年提出的，是一种典型的局部回归动态神经元网络，也是一种反馈网络。它是在 BP 前馈网络基本结构的基础上，在隐含层中增加一个承接层，作为一步延时算子，达到记忆的目的(记忆的主要作用是将一个静态的网络转变成为一个动态网络)，从而使系统具有适应时变特性的能力，能直接反映动态过程系统的特性。

Elman 动态回归神经元网络的特点是隐含层的输出通过承接层的延迟与存储，自联到隐含层的输入，这种自联方式使其对历史状态的数据具有敏感性，内部反馈网络的加入增加了网络本身处理动态信息的能力，从而达到了动态建模的目的。

6.3.1 Elman 动态回归神经网络结构

在动态回归神经网络中，Elman 网络[39]具有最简单的结构，它可采用标准 BP 算法或动态反向传播算法进行学习。一个基本 Elman 网络的结构示意图如图 6-4 所示，从图中可以看出 Elman 动态回归神经元网络分为四层：输入层、中间层(隐含层)、承接层和输出层。其中，输入层、隐含层和输出层的连接类似于前馈网络，输入层的单元仅起信号传输作用，输出层单元起线性加权作用。隐含层单元的传递函数可采用线性或非线性函数，承接层又称为上下文层或状态层，它用来记忆隐含层单元前一时刻的输出值，可以认为是一个一次延时算子。因此这里的前馈连接部分可进行连接权修正。而回归部分则是固定的，即不能进行学习修正，从而此 Elman 网络仅是部分回归的。

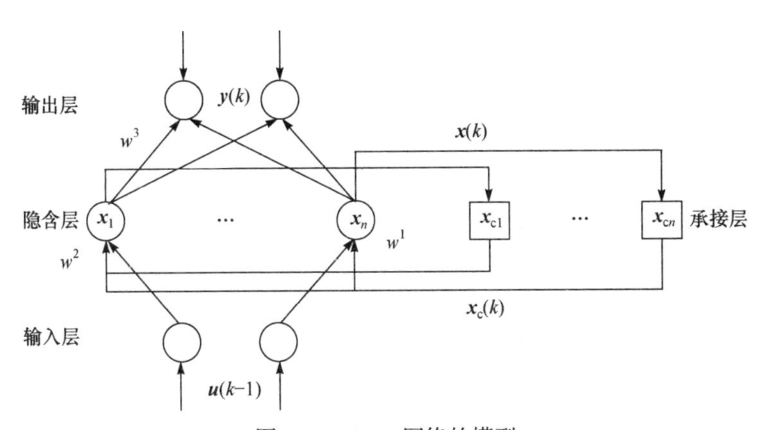

图 6-4　Elman 网络的模型

具体地说，网络在 k 时刻的输入不仅包括目前的输入值 $\boldsymbol{u}(k-1)$，而且还包括隐含层单元前一时刻的输出值 $\boldsymbol{x}_c(k)$，即 $\boldsymbol{x}(k-1)$。这时，网络仅是一个前馈网络，可用上述输入通过前向传播产生输出，标准的 BP 算法可用来进行连接权修正。在训练结束之后，k 时刻隐层的输出值将通过递归连接部分，反传回结构单元，并保留到下一个训练时刻(k+1 时刻)。

6.3.2　Elman 网络原理

以图 6-4 为例，Elman 网络的非线性状态空间[140-141]表达式为

$$\begin{aligned} &\boldsymbol{y}(k)=g[w^3\boldsymbol{x}(k)] \\ &\boldsymbol{x}(k)=f[w^1\boldsymbol{x}_{\mathrm{c}}(k)+w^2\boldsymbol{u}(k-1)] \\ &\boldsymbol{x}_{\mathrm{c}}(k)=\boldsymbol{x}(k-1) \end{aligned} \tag{6-17}$$

式中：$\boldsymbol{y}$、$\boldsymbol{x}$、$\boldsymbol{u}$、$\boldsymbol{x}_{\mathrm{c}}$ 分别为 m 维输出节点向量，n 维中间层节点单元向量、r 维输入向量和 n 维反馈状态向量。w^3、w^2、w^1 分别为中间层到输出层、输入层到中间层、承接层到中间层的连接权值；$g(\cdot)$ 为输出神经元的传递函数，是中间层输出的线性组合；$f(\cdot)$ 为中间层神经元的传递函数，常采用 S 型函数。

特别地，当隐含层单元和输出单元采用线性型函数，且令隐含层及输出层的阈值为 0 时，可得到如下线性状态空间表达式：

$$\begin{cases} \boldsymbol{x}(k)=w^1\boldsymbol{x}(k-1)+w^2\boldsymbol{u}(k-1) \\ \boldsymbol{y}(k)=w^3\boldsymbol{x}(k) \end{cases} \tag{6-18}$$

这里隐含层单元的个数就是状态变量的个数，也是系统的阶次。

显然，当网络用于单输入单输出系统时，我们只需一个输入单元和一个输出单元。即使考虑到这时的 n 个结构单元，隐含层的输入也仅有 n+1 个。另外，由于 Elman 网络的动态特性仅由内部的连接提供，因此，它无须直接使用状态作为输入或训练信号，这也是 Elman 网络相对于静态前馈网络的优越之处。

基本的 E1man 网络采用标准 BP 算法或动态反向传播算法进行学习。当采用 BP 算法进行权值修正时，学习指标函数采用误差平方和函数：

$$E(w)=\sum_{k=1}^{n}[\boldsymbol{y}_k(w)-\tilde{\boldsymbol{y}}_k(w)]^2 \tag{6-19}$$

式中：$\tilde{\boldsymbol{y}}_k(w)$ 为目标输出向量。

由式(6-17)可知

$$\boldsymbol{x}_{\mathrm{c}}(k)=\boldsymbol{x}(k-1)=f[w_{k-1}^1\boldsymbol{x}_{\mathrm{c}}(k\quad 1)+w_{k-1}^2\boldsymbol{u}(k-2)] \tag{6-20}$$

又由于 $\boldsymbol{x}_{\mathrm{c}}(k-1)=\boldsymbol{x}(k-2)$，式(6-20)可继续展开。这说明取 $\boldsymbol{x}_{\mathrm{c}}(k)$ 依赖于过去不同时刻的连接权 w_{k-1}^1、w_{k-2}^2、…，或者说 $\boldsymbol{x}_{\mathrm{c}}(k)$ 是一个动态递推过程。因此可将相应推得的反向传播算法称为动态反向传播学习算法。

考虑如下总体误差目标函数，设学习的总体误差目标函数为

$$E(k)=\sum_{k=1}^{n}\frac{1}{2}[\boldsymbol{y}_{\mathrm{d}}(k)-\boldsymbol{y}(k)]^{\mathrm{T}}[\boldsymbol{y}_{\mathrm{d}}(k)-\boldsymbol{y}(k)] \tag{6-21}$$

式中：$\boldsymbol{y}_{\mathrm{d}}(k)$ 为期望输出。

根据梯度最速下降原理，各层连接权修正如下。

隐含层到输出层的连接权 w^3：

$$\frac{\partial E_p}{\partial w_{ij}^3}=-[\boldsymbol{y}_{\mathrm{d},i}(k)-\boldsymbol{y}_i(k)]\frac{\partial \boldsymbol{y}_i(k)}{\partial w_{ij}^3}=-[\boldsymbol{y}_{d,i}(k)-\boldsymbol{y}_i(k)]g_i'(\cdot)\boldsymbol{x}_j(k)=-\delta_i^0\boldsymbol{x}_i(k) \tag{6-22}$$

$$i=1,2,\cdots,n;j=1,2,\cdots,n$$

输入层到隐含层的连接权 w^2：

$$\frac{\partial E_p}{\partial w_{jq}^2}=\frac{\partial E_p}{\partial \boldsymbol{x}_j(k)}\frac{\partial \boldsymbol{x}_j(k)}{\partial w_{jq}^2}=\sum_{i=1}^{m}[\delta_i^0 w_{ij}^3 f_j'(\cdot)]u_q(k-1)=-\delta_j^h u_q(k-1) \tag{6-23}$$

$$j=1,2,\cdots,n;q=1,2,\cdots,r$$

式中：$\delta_j^h=\sum_{i=1}^{m}(\delta_i^0 w_{ij}^3)f_j'(\cdot)$。

结构单元到隐含层的连接权 w^1，有

$$\frac{\partial E_p}{\partial w_{jl}^1}=-\sum_{i=1}^{m}(\delta_i^0 w_{jl}^3)\frac{\partial \boldsymbol{x}_j(k)}{\partial w_{jl}^1}\qquad j=1,2,\cdots,n;l=1,2,\cdots,n \tag{6-24}$$

注意到式(6-24)，$\boldsymbol{x}_c(k)$ 依赖于连接权 w_{jl}^1，故

$$\begin{aligned}\frac{\partial \boldsymbol{x}_j(k)}{\partial w_{jl}^1}&=\frac{\partial}{\partial w_{jl}^1}\left\{f_j\left[\sum_{i=1}^{n}w_{jl}^1\boldsymbol{x}_{\mathrm{c},j}(k)+\sum_{i=1}^{r}w_{jl}^2\boldsymbol{u}_i(k-1)\right]\right\}\\&=f_j'(\cdot)\left\{\boldsymbol{x}_{\mathrm{c},l}(k)+\sum_{i=1}^{n}w_{jl}^1\frac{\partial \boldsymbol{x}_{\mathrm{c},i}(k)}{\partial w_{jl}^1}\right\}\\&=f_j'(\cdot)\left[\boldsymbol{x}_l(k-1)+\sum_{i=1}^{n}w_{jl}^1\frac{\partial \boldsymbol{x}_i(k-1)}{\partial w_{jl}^1}\right]\end{aligned} \tag{6-25}$$

式(6-25)实际构成了梯度 $\dfrac{\partial \boldsymbol{x}_j(k)}{\partial w_{jl}^1}$ 的动态递推关系，这与沿时间反向传播的学习算法类似。由于

$$\Delta w_{ij}=-\eta\frac{\partial E_p}{\partial w_{ij}} \tag{6-26}$$

故基本 Elman 网络的动态反向传播学习算法可归纳为

$$\begin{cases}\Delta w_{ij}^3 = \eta\delta_i^0 \boldsymbol{x}_i(k), & i=1,2,\cdots,m; \quad j=1,2,\cdots,n \\ \Delta w_{jq}^2 = \eta\delta_j^h \boldsymbol{u}_q(k-1), & j=1,2,\cdots,n; \quad q=1,2,\cdots,r \\ \Delta w_{jl}^1 = \eta\sum_{i=1}^{m}(\delta_i^0 w_{ij}^3)\dfrac{\partial \boldsymbol{x}_j(k)}{\partial w_{jl}^1}, & j=1,2,\cdots,n; \quad l=1,2,\cdots,n\end{cases} \tag{6-27}$$

Elman 网络能在有限的时间内以任意精度逼近任意函数，而且能够存储信息以备未来使用。学习过程的流程图[140-141]如图 6-5 所示。

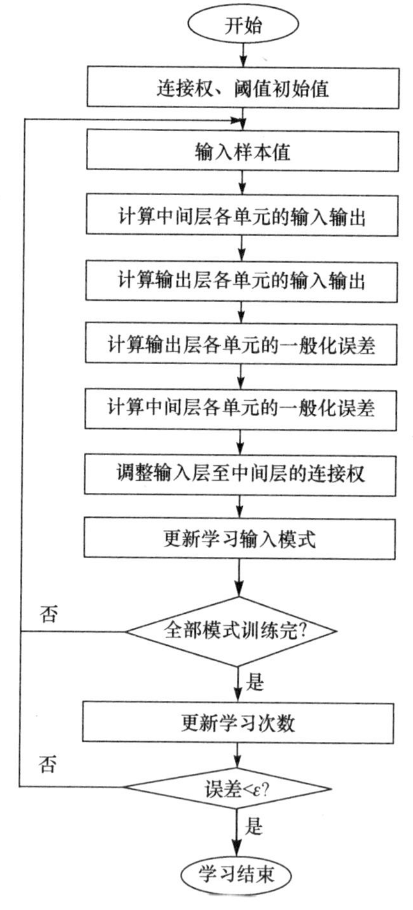

图 6-5　Elman 网络学习过程的流程图

6.4　MATLAB 神经网络工具箱

虽然神经网络有着广泛的实用性和强大的解决问题的能力，但是它也存在一些缺陷。例如，神经网络的建立实际上就是一个不断尝试的过程，以 BP 网络为例，网络的层数及每一层节点的个数都是需要不断尝试来改进的。同样，对于神经网络的学习过程来说，固然已经有很多成形的学习算法，但这些算法在数学计算上都比较复杂，过程也比较烦琐，容易出错。因此，采用计算机辅助进行神经网络设计与分析就成了必然的选择。

在利用神经网络解决问题和程序设计时，必定会涉及大量的有关数值计算的问题，这其中既包括一般的矩阵运算问题，如微分方法求解、优化问题等，也包括许多模式的正交化、最小二乘法处理和极大极小匹配等求解过程。尽管现代数值计算理论已经发展得很完善，多数计算问题都有高效的标准解法，但是，利用计算机对神经网络模型进行仿真和辅助设计，仍然是件很麻烦的事情。

神经网络工具箱是在 MATLAB 环境下开发出来的许多工具箱之一，也是目前应用最为广泛的比较成熟的神经网络软件包。自从 MATLAB5.x 提供了该工具箱后，它已经成为工程人员进行神经网络分析与设计的首选。该工具箱随着 MATLAB 版本的发展，自身也在不断完善与提高，现在最新的为 4.0.3 版本，是迄今为止最为全面和强大的。

MATLAB 神经网络工具箱[137,140]是以神经网络理论为基础，用 MATLAB 语言构造出典型神经网络的激活函数，如 S 型函数、线性型函数等激活函数，使设计者对所选网络输出的计算变成对激活函数的调用。另外，根据各种典型的修正网络权值的规则，加上网络的训练过程，用 MATLAB 编写出各种网络设计与训练的子程序，网络的设计者则可以根据自己的需要去调用工具箱中有关神经网络的设计训练程序，使自己从烦琐的编程中解脱出来，提高开发效率。

目前神经网络工具箱提供的神经网络模型主要应用于：

(1) 函数逼近和模型拟合；

(2) 信息处理和预测；

(3) 神经网络控制；

(4) 故障诊断。

在实际应用中，面对一个具体的问题时，首先需要分析利用神经网络求解问题的性质，然后依据问题特点，确定网络模型。最后通过对网络的训练仿真等，检验网络的性能是否满足要求。

6.4.1 MATLAB 简 介

MATLAB 是 Cleve Moler 和他的同事共同开发的一个软件，是矩阵(matrix)和实验室(laboratory)的头三个字母的组合。在本书中主要用 MATLAB 编写事故预测的程序。MATLAB 语言被称为第四代计算机语言，其具有以下特点。

(1) 编程效率高。MATLAB 是一种面向科学与工程计算的高级语言，允许用数学形式的语言编写程序，用 MATLAB 编写程序就犹如在演算纸上排列出公式与求解问题。由于它编写简单，编程效率高，易学易懂。

(2) 用户使用方便。MATLAB 运行时，每输入一条语句，就立即对其进行处理，完成编译、连接和运行的全过程，如图 6-6、图 6-7 所示。

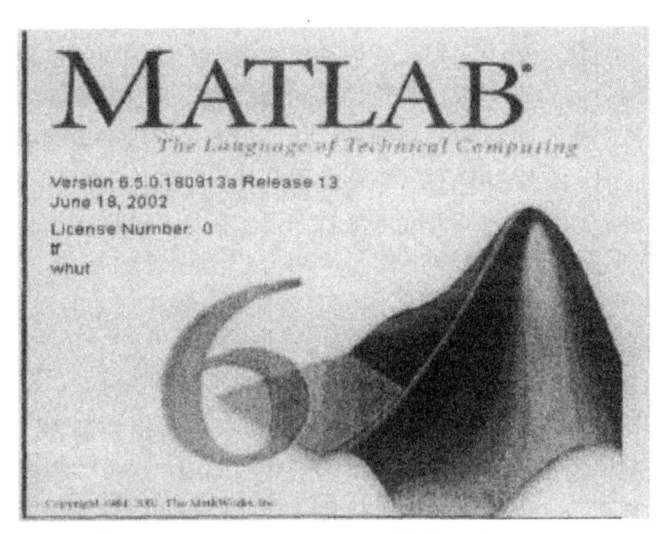

图 6-6　MATLAB6.x 开始进入界面

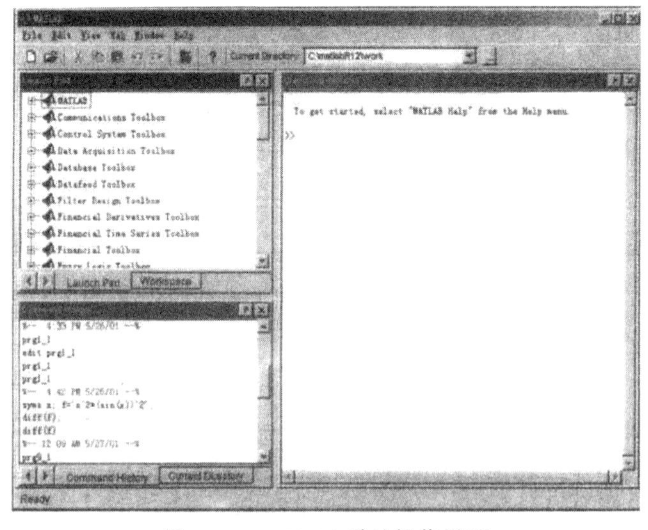

图 6-7　MATLAB 默认操作界面

(3) 扩充能力好，交互性好。

(4) 语句简单，内涵丰富。

(5) 高效方便的矩阵和数组运算。

(6) 方便的绘图功能和运算显示界面，如图 6-8 所示。

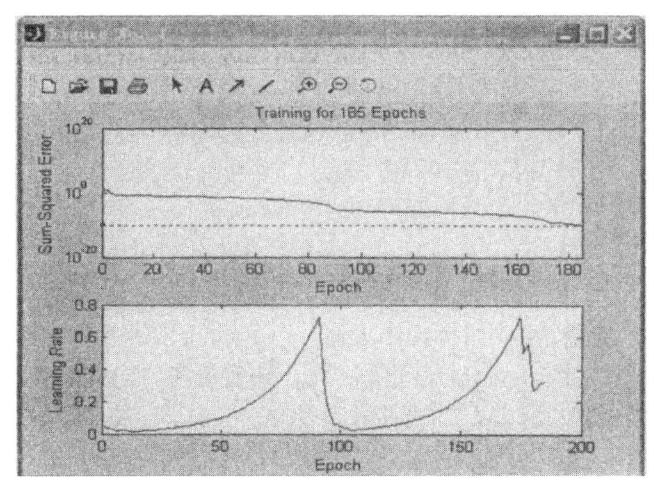

图 6-8　MATLAB 进行预测运算的界面

6.4.2　BP 网络的神经网络工具箱函数

MATLAB 神经网络工具箱中包含了许多 BP 网络分析与设计的函数。

下面介绍几种神经元上的传递函数。

1. initff

功能：前向网络初始化，此函数可初始化至多三层的网络，可得到各层的权值和阈值。

格式：

```
[w,b]=initff(p,s,f)
[w1,b1,w2,b2]=initff(p,s1,f1,s2,f2)
[w1,b1,w2,b2,w3,b3]=initff(p,s1,f1,s2,f2,s3,f3)
```

其中：***p*** 为输入矢量；s1、s2、s3 为各层节点数；f1、f2、f3 为各层间神经元的传递函数。应当注意：***p*** 中的每一行中必须包含网络期望输入的最大值和最小值，这样才能合理初始化权值和阈值。

2. simuff

功能：前向网络仿真，simuff 可以仿真至多三层的前向网络。

格式：

```
simuff(p,w1,b1,f1)
simuff(p,w1,b1,f1,w2,b2,f2)
simuff(p,w1,b1,f1,w2,b2,f2,w3,b3,f3)
```

3. trainbp

功能：利用 BP 算法训练前向网络。

格式：

```
[w,b,te,tr]=trainbp(w,b,f,p,t,tp)
[w1,b1,w2,b2,te,tr]=trainbp(w1,b1,f1,w2,b2,f2,w3,b3,f3,
                     p,t,tp)
[w1,b1,w2,b2,w3,b3,te,tr]=trainbp(w1,b1,f1,w2,b2,f2,w3,
                           b3,f3,p,t,tp)
```

其中：***p*** 为输入矢量；***t*** 为目标输出矢量；tp 为可选训练参数，其作用是设定如何进行训练，具体为：tp(1)显示间隔次数，缺省值为 25；tp(2)最大循环次数，缺省值为 100；tp(3)目标误差，缺省值为 0.02；tp(4)学习速率，缺省值为 0.01。

一旦训练达到了最大的训练次数，或者网络误差平方和降到期望误差之下，都会使网络停止学习。调用 trainbp 函数可以得到新的权值矩阵 ***w***、阈值矢量 ***b***、网络训练的实际训练次数 te 及网络训练误差平方和矢量 ***tr***。对于多层网络，在调用 trainbp 函数后，可得到各层的权值矩阵及各层的阈值矢量。

4. trainbpx

trainbpx 利用快速 BP 算法训练前向网络。当采用附加动量法时，BP 算法可找到更优的解；当采用自适应学习速率时，BP 算法可缩短训练时间。trainbpx 函数把这两种方法结合起来训练前向网络。

格式：

```
[w,b,te,tr]=trainbpx(w,b,f,p,t,tp)
[w1,b1,w2,b2,te,tr]=trainbpx(w1,b1,f1,w2,b2,f2,p,t,tp)
[w1,b1,w2,b2,w3,b3,te,tr]=trainbpx(w1,b1,f1,w2,b2,f2,w3,
                           b3,f3,P,t,tP)
```

其中：各参数的说明同 trainbp，只是 tp 多了更多的可选参数：tp(1)显示间隔次数，缺省值为 25；tp(2)最大循环次数，缺省值为 100；tp(3)目标误差，缺省值为 0.02；tp(4)学习速率，缺省值为 0.01；tp(5)学习速率增加的比率，缺省值为 1.05；tp(6)学习速率减少的比率，缺省值为 0.7；tP(7)动量常数，缺省值为 0.9；tp(8)最大误差比率，缺省值为 1.04。

5. trainlm

trainlm 利用 Levenberg-Marquardt 算法(L-M 算法)训练前向网络。L-M 算法比

梯度下降法要快很多，但是它在训练过程中需要更多的内存。

表 6-1 给出了 BP 网络常用函数的名称和基本功能[109]。

表 6-1　BP 网络的常用函数

函数类型	函数名称	函数用途
前向网络创建函数	newcf	创建级联前向网络
	newff	创建前向 BP 网络
	newffd	创建存在输入延迟的前向网络
传递函数	logsig	S 型的对数函数
	dlogsig	logsig 的导函数
	tansig	S 型的正切函数
	dtansig	tansig 的导函数
	purelin	纯线性函数
	dpurelin	purelin 的导函数
学习函数	learngd	基于梯度下降法的学习函数
	learngdm	梯度下降动量学习函数
性能函数	mse	均方误差函数
	msereg	均方误差规范化函数
显示函数	plotperf	绘制网络的性能
	plotes	绘制一个单独神经元的误差曲面
	plotep	绘制权值和阈值在误差曲面的位置
	errsurf	计算单个神经元的误差曲面

6.4.3　MATLAB 中 BP 网络的训练过程

下面以三层 BP 网络为例，说明 BP 网络的训练步骤。

步骤一，用小的随机数对每一层的权值 w 和阈值 b 初始化，以保证网络不被大的加权输入饱和，同时还要进行以下参数初始化：

(1) 设定期望误差最小值 err_goal;

(2) 设定最大循环次数 max_epoch;

(3) 设定修正权值的学习速率，一般选取 Ir=0.01～0.7;

(4) 从 1 开始的循环训练，`for epoch=1:max_epoch`。

步骤二，计算网络各层输出矢量 *A*l、*A*2 及网络误差 E，与其对应的输出样本为 T：

```
Al=tansig(wl*p,b1);
A2=purelin(w2*A1,b2);
E=T-T0。
```

步骤三，计算各层反向传播的误差变化 D2 和 Dl，并计算各层权值的修正值及新的权值：

```
D2=deltalin(A2,E);
D1=deltatan(Al,D2,w2);
[dwl,dbl]=learnbp(p,D1,Ir);
[dw2,db2]=learnbp(A1,D2,Ir);
wl=wl+dwl:bl=bl+dbl;
w2=w2+dw2:b2=b2+db2。
```

步骤四，再次计算修正后的误差平方和：

```
SSE=sumsqr(T-purelin(w2*tansig(wl*p,bl),b2))。
```

步骤五，检查 SSE 是否小于 err_goal，若是，训练结束，否则继续。

以上就是 BP 网络利用 MATLAB 神经网络工具箱训练的过程，以上所有的学习规则与训练的全过程，还可以用函数 trainbp 来代替。

6.4.4 Elman 神经网络工具箱函数

MATLAB 神经网络工具箱为 Elman 网络提供了一些工具箱函数，我们可以借助这些函数，在实际工作中使用 Elman 网络。以 newelm 为例进行介绍。

该函数用于设计一个 Elman 网络。调用格式为

```
net=newelm
net=newelm(PR,[S1 S2 … SN],{TF1,TF2,…,TFN},BTF,BLF,PF)
```

其中，net=newelm 用于在对话框中创建一个 Elman 网络；PR 为 *R* 组输入元素最小值和最大值的设定值，是 *R*×2 维的矩阵；Si 为第 *i* 层的长度；TFi 为第 *i* 层的传递函数，默认为“tansig”；BTF 为 BP 网络训练函数，默认为“traindx”；BLF 为 BP 网络权值和阈值学习函数，默认为“learngdm”；PF 为性能函数，默认为

“mse”。

参数 BTF 可以取 traingd、traingdm、traingda、traingdx 等训练函数；BLF 可以取学习函数 learngd、learngdm；PF 可以取性能函数 mse 和 msereg。

利用 newelm 创建的 Elman 网络，权值函数采用 dotprod，输入函数采用 netsum，权值和阈值初始化函数采用 initnw，训练函数采用 trains，而传递函数和学习函数需要特别指定。

第 7 章　基于 BP 网络的温室作物需水量预测模型

7.1　BP 网络算法

7.1.1　BP 网络的限制与不足

虽然反向传播法得到广泛的应用，但它也存在自身的限制与不足，主要存在着两个主要问题。

1. 收敛速度慢，需要较长的训练时间

对于一些复杂的问题，BP 算法可能要进行几个小时甚至更长时间的训练，这主要是由学习速率太小造成的，可采用变化的学习速率或自适应的学习速率来加以改进。

2. 局部极小值

BP 算法可以使网络的权值收敛到一个解，但它并不能保证所求为误差平面的全局极小解。这是因为 BP 算法采用梯度下降法，训练是从某一起点沿误差函数的斜面逐渐达到误差的最小值，因而在对其训练过程中，可能陷入某一小谷区，而这一小谷区产生的是一个局部极小值。由此点向各方向变化均使误差增加，以至于使训练无法逃出这一局部极小值。

另外，网络隐含层的层数和单元数的选择尚无理论上的指导，一般是根据经验或者通过反复试验确定，网络往往存在很大的冗余性，在一定程度上也增加了网络学习的负担；而且，网络的学习和记忆具有不稳定性，如果增加了学习样本，训练好的网络就需要从头开始训练，对于以前的权值和阈值是没有记忆的。

7.1.2 BP 网络的改进算法

标准的 BP 算法是一种梯度寻优法，基于梯度下降法，通过计算目标函数对网络权值和阈值的梯度进行修正。虽然原理简单，实现方便，但存在着学习收敛速度慢，容易陷入局部极小点而无法得到全局最优解等缺点。对于复杂问题，训练过程需迭代几万次、几十万次才能收敛得到期望的精度。因此，标准的 BP 网络在很大程度上表现出它的不实用性，特别是对实时性很强的系统。为此，就有了各种改进算法，典型的改进算法包括附加动量法、自适应学习率调整法、弹性 BP 算法和 L-M 算法等[142]。

1. 附加动量法

附加动量法使网络在修正权值时不仅考虑误差在梯度上的作用，而且考虑在误差曲面上变化趋势的影响。附加动量法的实质是将最后一次权值变化的影响通过一个动量因子来传递。当动量因子取值为零时，权值的变化仅是根据梯度下降法产生的。当动量因子取值为 1 时，新的权值变化为最后一次权值变化，而依梯度下降法产生的变化部分则被完全忽略掉了。为此，增加动量项，促使权值的调节向着误差曲面底部的平均方向变化，可在一定程度上解决局部极小值问题，但收敛速度仍然很慢。

其权值和偏差调节公式为

$$\Delta w_{ij}(k+1)=(1-\mathrm{mc})\cdot\eta\cdot\delta_i\cdot p_j+\mathrm{mc}\cdot\Delta w_{ij}(k) \tag{7-1}$$

$$\Delta b_i(k+1)=(1-\mathrm{mc})\cdot\eta\cdot\delta_i+\mathrm{mc}\cdot\Delta b_i(k) \tag{7-2}$$

式中：k 、$k+1$ 为训练次数；$\Delta w_{ij}(k)$ 、$\Delta w_{ij}(k+1)$ 分别为输入层神经元 i 与隐含层神经元 j 的第 k 次、第 $k+1$ 次训练连接权重调节值；$\Delta b_i(k)$ 、$\Delta b_i(k+1)$ 分别为输入层神经元 i 与隐含层神经元 j 的第 k 次、第 $k+1$ 次训练偏差调节值；mc 为动量因子，一般取 0.9；δ_i 为第 i 个神经元的实际误差；p_j 为第 j 神经元的输入分量。

2. 自适应学习率调整法

在自适应学习率调整法中，通常调整学习率 η 可得到比标准 BP 算法更快的收敛速度。学习率调整的准则是：检查权重的修正值是否真正降低了误差函数，如果确实如此，则说明所取的学习率值小了，可以对其增加一个量；若相反，则产生了过调，应减小学习率的值。式(7-3)给出了一种自适应学习率的调整公式：

$$\eta(k+1)=\begin{cases}1.05\eta(k), & \mathrm{SSE}(k+1)<\mathrm{SSE}(k)\\ 0.7\eta(k), & \mathrm{SSE}(k+1)>1.04\mathrm{SSE}(k)\\ \eta(k), & 其他\end{cases} \tag{7-3}$$

式中：SSE 为误差平方和。初始学习率 $\eta(0)$ 的选取范围可以有很大的随意性。此方法可以保证网络总是以网络可以接受的最大的学习率进行训练。当一个较大的学习率仍能够使网络稳定学习，使其误差继续下降，则增加学习率，使其以更大的学习率进行学习。一旦学习率调得过大，而不能保证误差继续减少，则减少学习率直到使其学习过程稳定为止。

3. 弹性 BP 算法

弹性 BP 算法的目的是消除梯度的模值对网络训练的影响，梯度的符号被认为表示权值更新的方向，而梯度的模值对权值更新没有影响。权值改变量的大小由专门的参数 $\varDelta(k)$ 来确定。

4. L-M 算法

BP 网络的训练实质上是非线性目标函数的优化问题，基于数值优化的 L-M 算法不仅利用了目标函数的一阶导数信息，还利用了目标函数的二阶导数信息，L-M 算法动态地调整迭代的收敛方向，可是每次的迭代误差函数值都有所下降。它是梯度下降法和牛顿法的结合，收敛速度较快。其权重和阈值更新公式为

$$\boldsymbol{X}_{k+1}=\boldsymbol{X}_k-(\boldsymbol{J}^{\mathrm{T}}\boldsymbol{J}+u\boldsymbol{I})^{-1}\boldsymbol{J}^{\mathrm{T}}\boldsymbol{e} \tag{7-4}$$

式中：$\boldsymbol{J}$ 为误差对权值微分的雅可比矩阵；$\boldsymbol{e}$ 为误差向量；u 为一个标量。

依赖于 u 的幅值，该方法光滑地在两种极端情况之间变化，即牛顿法($u\to 0$)和著名的最陡(梯度)下降法($u\to\infty$)。采用 L-M 算法，可以使学习时间更短，在实际应用中效果较好。但对于复杂的问题，这种方法需要很大的内存。在 MATLAB 工具箱中带有 L-M 算法的训练函数 trainlm.m，解决了这个问题。

7.2　基于 L-M 算法的 BP 网络温室作物需水量预测模型

本书将基于 L-M 算法的 BP 网络应用到温室作物需水量的预测中，以期达到较好的预测效果。在进行 BP 网络的设计时，一般应从网络的层数、每层中的神经元个数和激活函数、初始值及学习速率等几个方面来进行考虑，具体设计和建模过程如下。

7.2.1 BP 网络层数的确定

对于 BP 网络，有一个非常重要的定理[137]，即对于任何闭区间内的一个连续函数都可以用一个隐含层的 BP 网络逼近，因而一个三层的 BP 网络可以完成任意的 n 维到 m 维的映射。本书也将采用含有一层隐含层的三层 BP 网络结构。

7.2.2 试错法确定隐含层神经元个数

本书拟通过试错法来确定隐含层神经元个数。以“3-n-1”的网络拓扑结构为例，首先给定较小初始隐含层单元数，构成一个结构较小的 BP 网络进行训练。如果训练次数很多或者在规定的训练次数内没有满足收敛条件，停止训练，逐渐增加隐含层单元数形成新的网络重新训练。经过多次试验获得训练次数与隐含层单元数的关系见表 7-1。期望误差根据实际要求选取，本书取为 0.001。

表 7-1 训练次数与隐含层单元数关系

隐含层单元数	训练次数
9	INF
10	50000
11	47804
12	28260
13	23952
14	29408
15	29776
16	38555

由表 7-1 可以看出，当隐含层单元数小于 11 时，网络易陷入局部极小，难以达到所要求的精度(表 7-1 中表示为 INF)；当隐含层单元数为 12 时，训练次数明显减少，再增加隐含层单元数对训练次数影响不大。由此可以看出，选取隐含层单元数的最佳值为 n=12～15。

7.2.3 网络学习参数的选取

1. 初始权值的选取

由于系统是非线性的，初始值对于学习是否达到局部最小、是否能够收敛及训练时间的长短影响很大。如果初始值太大，加权后的输入落在激活函数的饱和区，会导致其导数 $f'(x)$ 非常小，而在计算权值修正公式中，因为 δ 正比于 $f'(x)$，当 $f'(x)\to 0$ 时，有 $\delta\to 0$，使 $\Delta w\to 0$，从而使调节过程几乎停顿下来。所以，一般总是希望初始加权后的每个神经元的输出值都接近于零，这样可以保证每个神经元的权值都能够在他们的 S 型激活函数变化最大处进行调节。所以，一般取初始权值为(−1, 1)内的随机数。另外，为了防止上述现象的发生，已有学者在分析了两层网络是如何对一个函数进行训练后，提出了一种选定初始权值的策略：选择权值的量级为 $\sqrt[r]{s1}$，其中 $s1$ 为第一层神经元数目。利用这种方法，可以在较少的训练次数下得到较满意的结果。

BP 网络的训练就是通过不断调整各层的权重值，使期望输出值与实际值的误差达到最小。本书网络模型权重的初始值为随机赋值。

2. 网络学习率

学习率决定每一次循环中所产生的权值变化量。大的学习率可能导致系统的不稳定，但小的学习率将会导致学习时间较长，可能收敛速度很慢，不过能保证网络的误差值不跳出误差表面的低谷而最终趋于最小误差值。和初始权值的选取过程一样，在一个神经网络设计中，网络要经过几个不同的学习率的训练，通过观察每一次训练后的误差平方和 $\sum e^2$ 的下降速率来判断所选定的学习率是否合适。如果 $\sum e^2$ 下降很快，则说明学习率合适，若 $\sum e^2$ 出现震荡现象，则说明学习率过大。对于每一个具体的网络都存在一个合适的学习率。

在一般情况下，倾向于选取较小的学习率以保证系统的稳定性。学习率的范围一般选取在 0.01～0.7。对于一个特定的问题，要选择适当的学习率不是一件容易的事情，通常是凭经验或试验获取。

7.2.4 BP 网络设计

BP 网络的输入、输出层的神经元数目完全由使用者的要求来决定。输入层的神经元数由影响因素确定。温室作物需水量的影响因素很多，气温、太阳辐射和相对湿度是主要的气象影响因子，而且是较易获得的温室常规气象要素。本章考虑影响温室作物需水量的主要气象因子日平均气温 AT、日平均相对湿度 AH、日太阳总辐射 TIR，由这些已知气象因子来推断作物需水量，因此输出参数只有一个，即作物需水量。本节尝试建立以下四种情况的 BP 网络模型，对温室作物需水量做预测。

(1) 考虑日平均气温、日太阳总辐射两个气象因素时，网络输入层节点数为 2，输出层节点数为 1。根据试错法确定隐含层神经元个数为 21，即网络模型的拓扑结构为 2-21-1(记为模型 BP-ET1)。

(2) 考虑日平均气温、日平均相对湿度两个气象要素时，同(1)确定网络模型的拓扑结构为 2-21-1(记为模型 BP-ET2)。

(3) 考虑日平均相对湿度、日太阳总辐射两个气象因素时，同(1)确定网络模型的拓扑结构为 2-21-1(记为模型 BP-ET3)。

(4) 考虑日平均气温、日平均相对湿度、日太阳总辐射三个气象因素时，网络输入层节点数为 3，输出层节点数为 1。根据试错法确定隐含层神经元个数为 15，即网络模型的拓扑结构为 3-15-1(记为模型 BP-ET4)。

网络模型权重的初始值均为随机赋值，输入层与隐含层的传递函数均采用正切 S 型函数，隐含层与输出层的传递函数则均采用对数 S 型函数。模型均采用 L-M 训练方法，其对应的训练函数为 trainlm 函数。所训练模型的参数设定为：最大训练次数为 1000，期望误差为 0.001，初始学习率为 0.03。四种网络结构设计列于表 7-2。

表 7-2 BP 网络结构设计

模型	输入因子	神经元个数			传递函数		初始学习率	期望误差
		输入层	隐含层	输出层	输入层和隐含层之间	隐含层和输出层之间		
BP-ET1	AT、TIR	2	21	1	正切 S 型函数	对数 S 型函数	0.03	0.001
BP-ET2	AT、AH	2	21	1	正切 S 型函数	对数 S 型函数	0.03	0.001
BP-ET3	AH、TIR	2	21	1	正切 S 型函数	对数 S 型函数	0.03	0.001
BP-ET4	AT、AH、TIR	3	15	1	正切 S 型函数	对数 S 型函数	0.03	0.001

注：AT 为日平均气温；AH 为日平均相对湿度；TIR 为日太阳总辐射；输出均为作物需水量 ET

7.2.5 样本数据的处理

在网络学习过程中，为便于训练，更好地反映各因素之间的相互关系，必须对样本数据进行预处理。本网络输出向量的各分量值应在[0，1]。为使较大的输入落在神经元激励函数梯度大的区域，对输入向量的各分量亦取[0，1] 特征值为佳。因此训练网络之前，将样本数据归一化，处理如下：

$$p_n = p - \min p / \max p - \min p \tag{7-5}$$

式中：p 为所收集的一组试验数据(本书为日平均温度、日平均相对湿度、日太阳总辐射、作物需水量 ET)；$\min p$、$\max p$ 分别为这组数据的最小值和最大值；p_n 为映射后的数据。

本书所使用的数据是湖北省水利厅鄂州节水灌溉示范基地 2007 年 9 月 12 日～12 月 20 日 100 天的温室作物需水量 ET 及相应的气象数据，取 2007 年 9 月 12 日～11 月 30 日 80 天数据作为神经网络的学习训练样本，2007 年 12 月 1 日～12 月 20 日 20 天数据为预测样本。表 7-3 列出了处理后的数据。

表 7-3　归一化处理后数据样本

日期	日太阳总辐射/(W/m^2)	日平均气温/℃	日平均相对湿度/%	ET/mm
2007-09-12	0.9644	0.8216	0.1804	0.4305
2007-09-13	0.5119	0.8169	0.2994	0.4288
2007-09-14	0.6087	0.6479	0.8157	0.4757
2007-09-15	0.9486	0.8357	0.4107	0.4505
⋮	⋮	⋮	⋮	⋮
2007-12-15	0.3538	0.2019	0.7217	0.2680
2007-12-16	0.0474	0.0986	1.0000	0.1340
2007-12-17	0.2964	0.1221	0.7543	0.2000
2007-12-18	0.0672	0.0845	0.9386	0.2000
2007-12-19	0.4407	0.2817	0.5547	0.4000
2007-12-20	0.3063	0.3192	0.6027	0.6000

训练时应该用归一化之后的数据，即

```
net=train(net,pn,tn)。
```

训练结束后还应对网络的输出 an=sim(net,pn)作如下处理:

```
a=postnnmx(an.mint,maxt)。
```

当用训练好的网络对新数据 pnew 进行预测时，也应作相应的处理:

```
pnewn=tramnmx(pnew,minp,maxp);
anewn=sim(net,pnewn);
anewn=postmnmx(anew,mint,maxt)。
```

7.3　BP 网络温室作物需水量预测模型的应用

7.3.1　温室茄子需水量预测

1. 基本资料

目前，训练样本数目的确定没有通用的方法，一般认为，样本较少可能使网络的表达不够充分，从而导致网络的外推能力不够；而样本过多可能会出现样本冗余现象，既增加了网络的训练负担，也有可能出现信息量过剩使网络出现过拟合现象[127]。总之，样本的选取过程需要结合实际问题特点尽量选择合理的训练样本。本节选取鄂州试验基地 2007～2008 年温室作物需水量田间试验 2007 年 9 月 12 日～12 月 20 日 100 天茄子试验数据实测样本，根据 7.2.4 小节 BP 网络设计，用 BP-ET4 网络模型分别尝试做以下六种不同训练样本选取情况下的预测。

(1) 在 100 天实测样本中取前 30 天试验数据做训练学习样本；取后 70 天试验数据做检验样本(记为预测 1)。

(2) 在 100 天实测样本中取前 40 天试验数据做训练学习样本；取后 60 天试验数据做检验样本(记为预测 2)。

(3) 在 100 天实测样本中取前 50 天试验数据做训练学习样本；取后 50 天试验数据做检验样本(记为预测 3)。

(4) 在 100 天实测样本中取前 60 天试验数据做训练学习样本；取后 40 天试验数据做检验样本(记为预测 4)。

(5) 在 100 天实测样本中取前 70 天试验数据做训练学习样本；取后 30 天试验数据做检验样本(记为预测 5)。

(6) 在 100 天实测样本中取前 80 天试验数据做训练学习样本；取后 20 天试验数据做检验样本(记为预测 6)。

2. 以 BP-ET4 网络模型为例针对六种预测情况做对比分析

采用上述样本资料，在 MATLAB 环境下用 BP-ET4 网络模型对温室茄子需水量做预测。六种训练情况的样本训练结果及回归分析结果见图 7-1～图 7-6、表 7-4，样本预测结果及回归分析结果见图 7-7～图 7-12 和表 7-4。

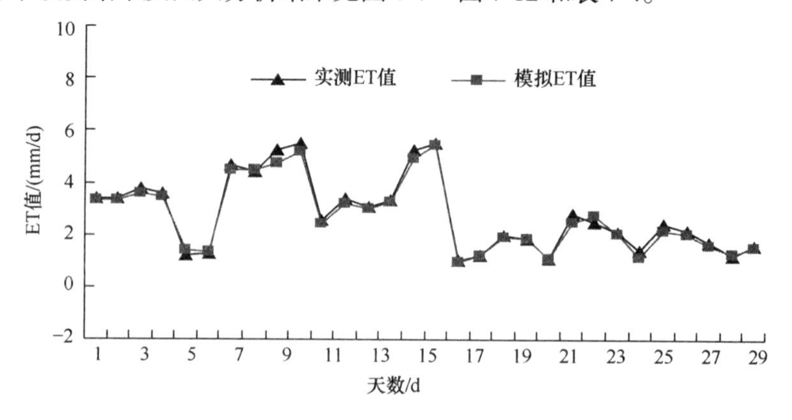

图 7-1 预测 1(30 天训练 70 天预测)BP-ET4 网络训练结果

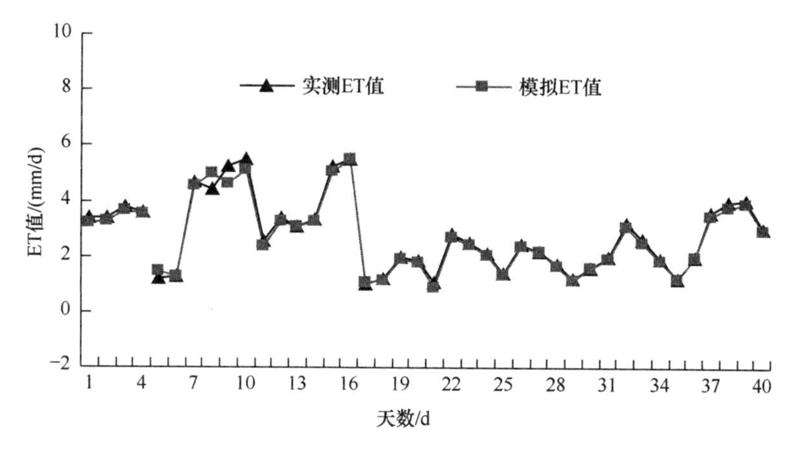

图 7-2　预测 2(40 天训练 60 天预测)BP-ET4 网络训练结果

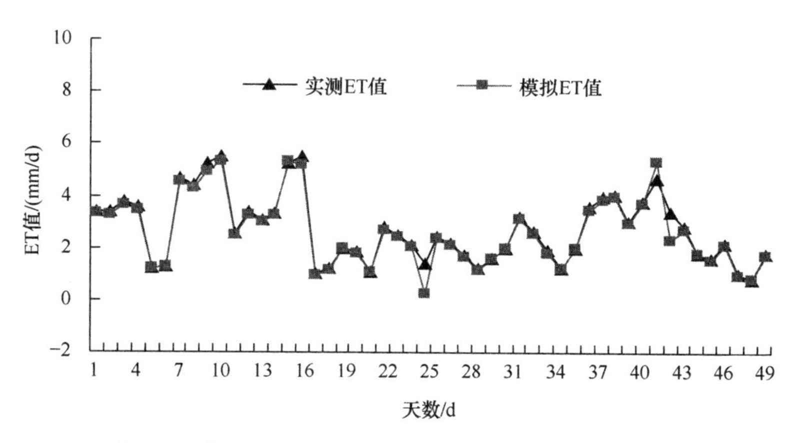

图 7-3　预测 3(50 天训练 50 天预测)BP-ET4 网络训练结果

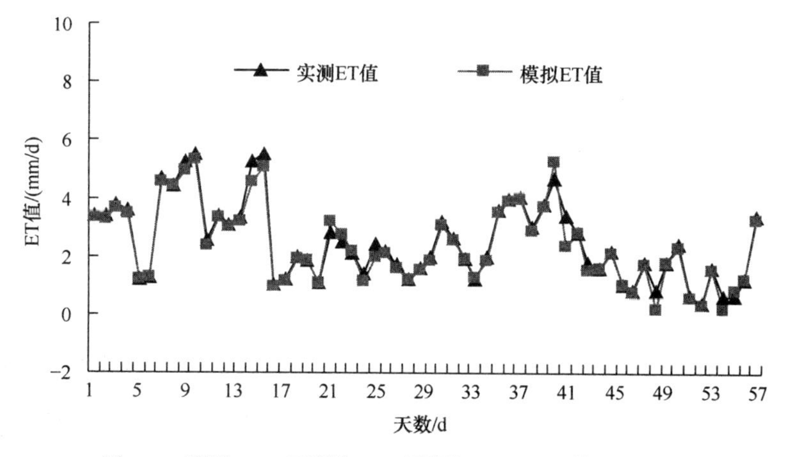

图 7-4　预测 4(60 天训练 40 天预测)BP-ET4 网络训练结果

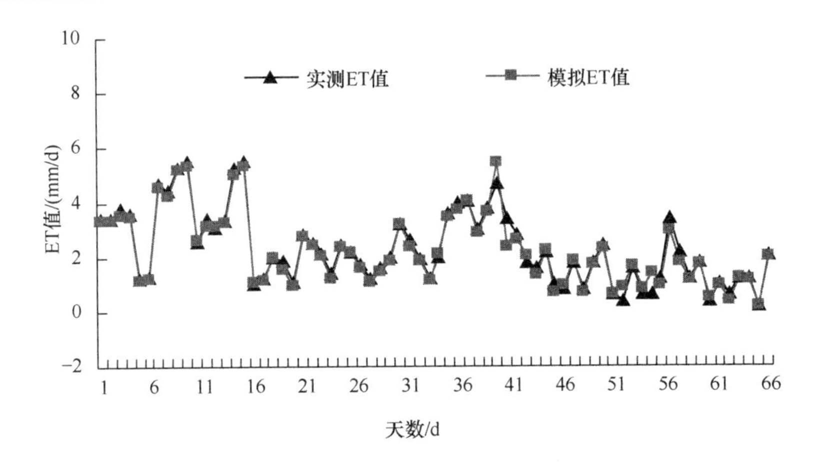

图 7-5　预测 5(70 天训练 30 天预测)BP-ET4 网络训练结果

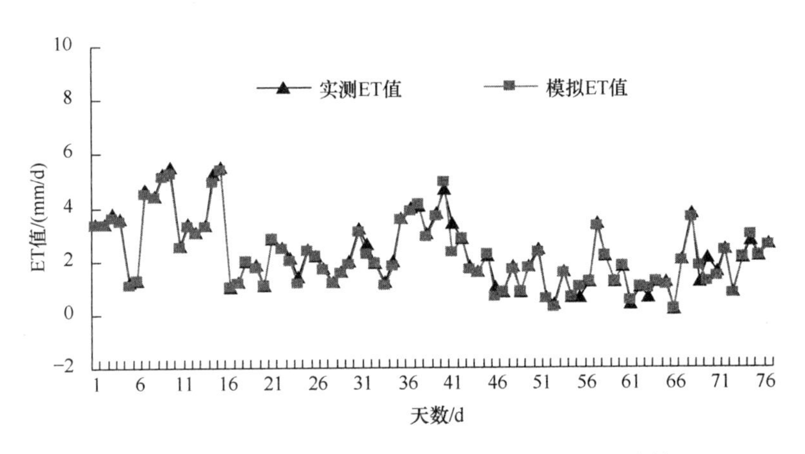

图 7-6　预测 6(80 天训练 20 天预测)BP-ET4 网络训练结果

表 7-4　六种预测情况 BP-ET4 网络模型训练、预测回归分析结果

预测情况	样本训练 ET 值和实测 ET 值相关系数	样本预测 ET 值和实测 ET 值相关系数
预测 1	R^2=0.9894	R^2=0.7666
预测 2	R^2–0.9829	R^2=0.7992
预测 3	R^2=0.9666	R^2=0.8551
预测 4	R^2=0.9714	R^2=0.8935
预测 5	R^2=0.9698	R^2=0.9076
预测 6	R^2=0.9761	R^2=0.9365

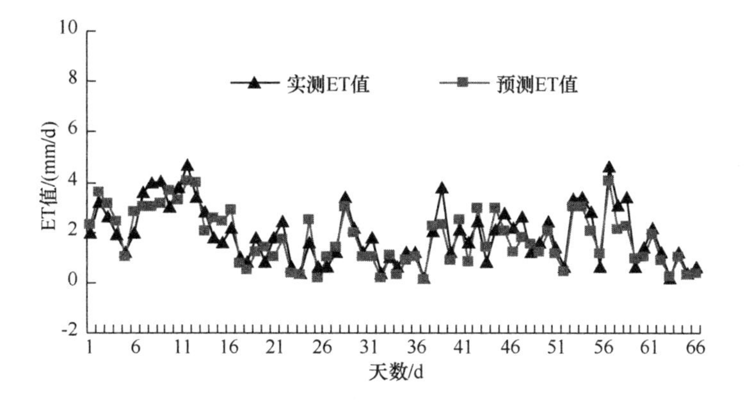

图 7-7　预测 1(30 天训练 70 天预测)BP-ET4 网络预测结果

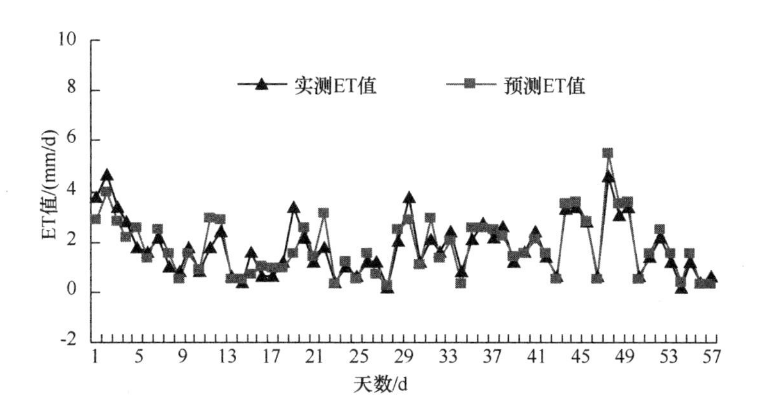

图 7-8　预测 2(40 天训练 60 天预测)BP-ET4 网络预测结果

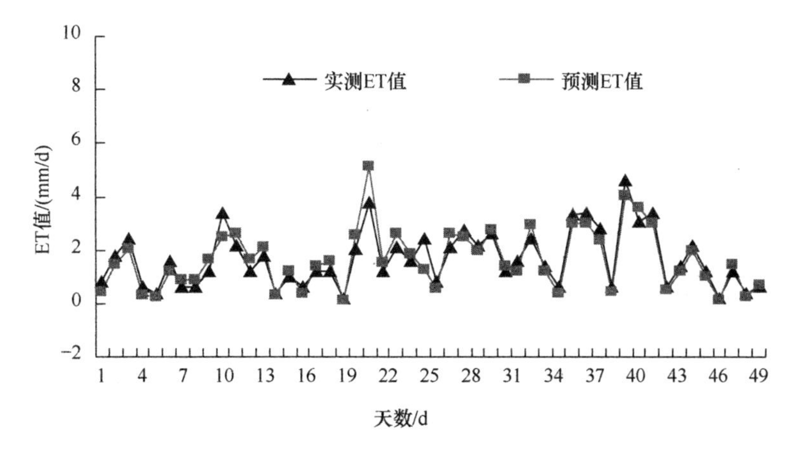

图 7-9　预测 3(50 天训练 50 天预测)BP-ET4 网络预测结果

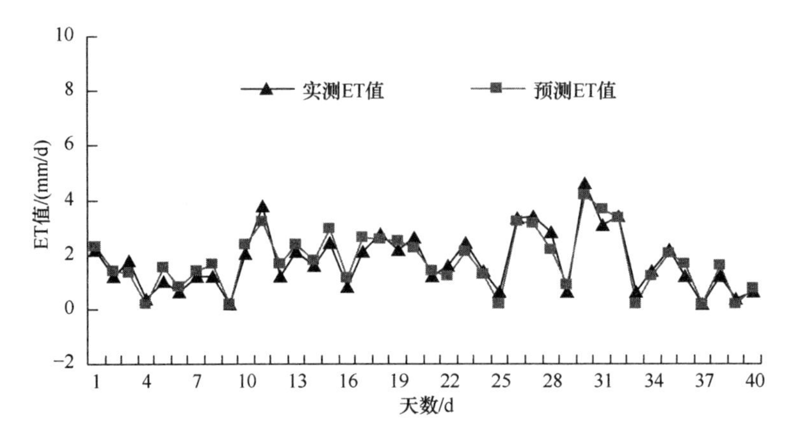

图 7-10　预测 4(60 天训练 40 天预测)BP-ET4 网络预测结果

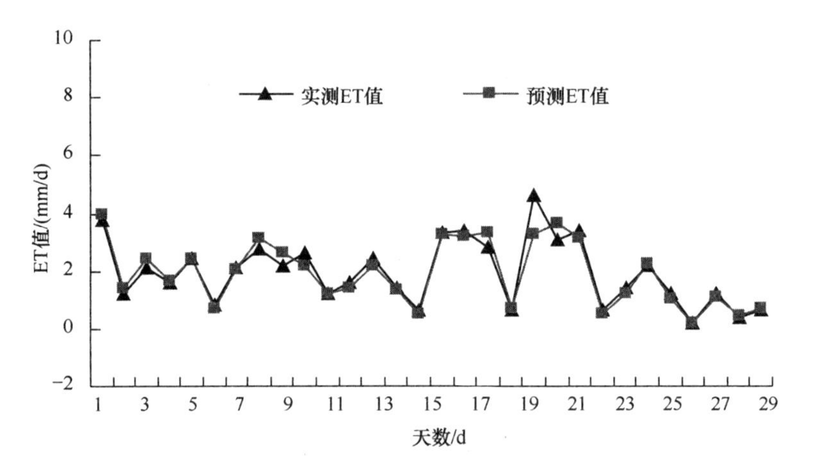

图 7-11　预测 5(70 天训练 30 天预测)BP-ET4 网络预测结果

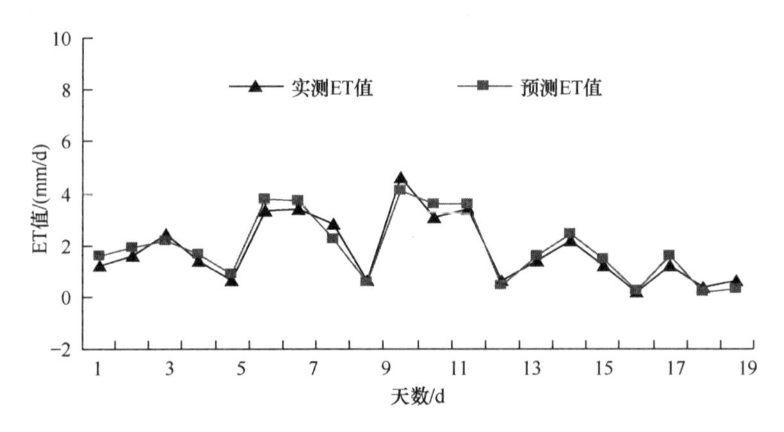

图 7-12　预测 6(80 天训练 20 天预测)BP-ET4 网络预测结果

从图 7-1～图 7-6 和图 7-7～7-12，以及表 7-4 可以看出，虽然预测 1 训练情况的样本训练拟合结果较好，模拟 ET 值和实测 ET 值的相关系数达到了 R^2=0.9894；但是样本预测结果较差，预测 ET 值和实测 ET 值的相关系数仅有 R^2=0.7666。通过同样的对比分析可以看出，六种预测情况的训练结果均较好，模拟 ET 值和实测 ET 值的相关系数差别不大；但是预测 6 的预测结果较好，得到的预测结果最精确，预测 ET 值和实测 ET 值的相关系数最大，达到了 R^2=0.9365。另外可以看出，随着训练样本数目的增大，BP-ET4 网络模型预测情况越好，预测 ET 值和实测 ET 值的相关性越好，得到的预测结果越准确，说明在 100 天实测样本中，选取前 80 天试验数据做训练学习样本，后 20 天试验数据做检验样本，采用 BP-ET 网络对温室茄子需水量做预测比较合理。

因此，本节以后(除最后一年应用外)均选取 100 天实测样本中前 80 天试验数据做训练学习样本，后 20 天试验数据做检验样本，对温室茄子需水量做预测。

3. 四种 BP-ET 网络模型预测性能比较

采用上述基本资料，取前 80 天训练后 20 天预测，分别用表 7-2 所示的另外三种 BP-ET 模型，对 2007 年 12 月 1 日～12 月 20 日温室茄子需水量做预测，并对四种网络模型的预测性能进行对比分析。BP-ET1、BP-ET2、BP-ET3 三种网络模型预测结果及回归分析结果见图 7-13～图 7-15、表 7-5。

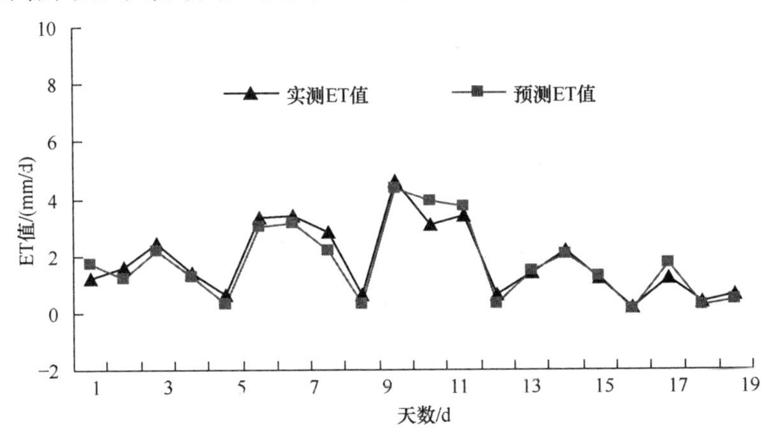

图 7-13　BP-ET1 网络模型温室茄子需水量预测结果

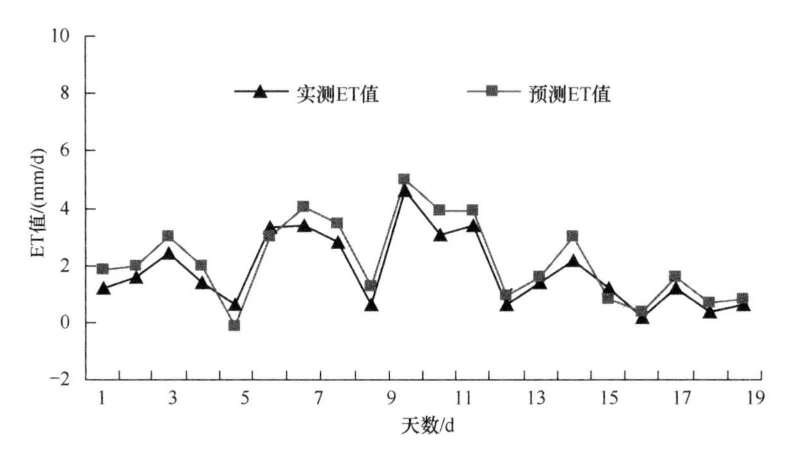

图 7-14 BP-ET2 网络模型温室茄子需水量预测结果

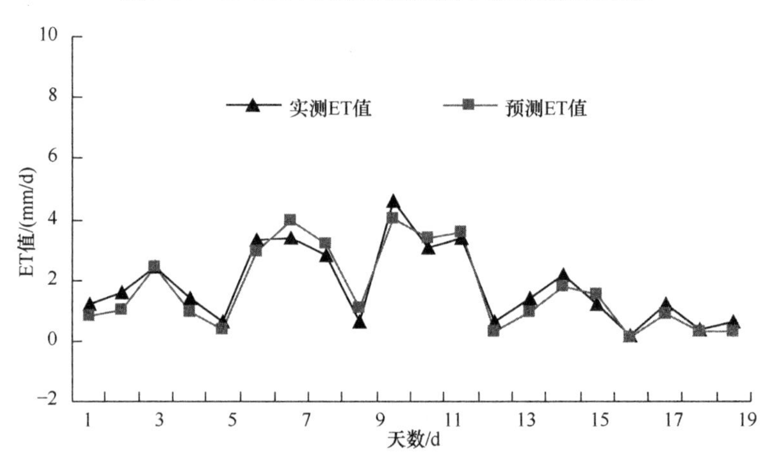

图 7-15 BP-ET3 网络模型温室茄子需水量预测结果

表 7-5 四种 BP-ET 网络模型预测回归分析结果

模型	样本预测 ET 值和实测 ET 值相关系数
BP-ET1	R^2=0.9249
BP-ET2	R^2=0.9237
BP-ET3	R^2=0.9256
BP-ET4	R^2=0.9365

从图 7-13～图 7-15 及表 7-5 可以看出，四种网络模型预测 ET 值和实测 ET 值相关系数相差不大，其中 BP-ET4 网络模型预测 ET 值和实测 ET 值相关系数最大，为 R^2=0.9365，说明四种网络模型的预测性能均较好，得到的预测结果较准确，能够满足作物生长和灌溉管理的需求，而且不需要建立具体的数学模型，

操作简便。因此，采用训练好的基于 BP 网络温室茄子需水量预测模型对茄子需水量做预测是比较合理和可行的。其中 BP-ET4 网络模型预测性能较好，预测结果较准确，说明考虑影响作物需水量的气象因素越全面，得到的 BP-ET 网络模型预测性能越好，预测精度也越高。

4. 利用一年温室茄子试验数据对温室茄子需水量做预测

采用 2006 年 11 月和 2007 年 11 月温室茄子试验资料，2006 年 11 月 30 组试验数据做训练学习样本，2007 年 11 月 30 组试验数据做检验样本。用 BP-ET4 网络模型对 2007 年 11 月温室茄子需水量做预测，样本输入为温室室内气象因子日平均气温、日平均相对湿度、日太阳总辐射，输出为作物需水量。样本预测结果见图 7-16，回归分析得到预测 ET 值和实测 ET 值相关系数为 R^2=0.9218。结果表明，得到的预测 ET 值和实测 ET 值比较接近，具有较高的准确率，可以满足作物生长和灌溉管理的需求。

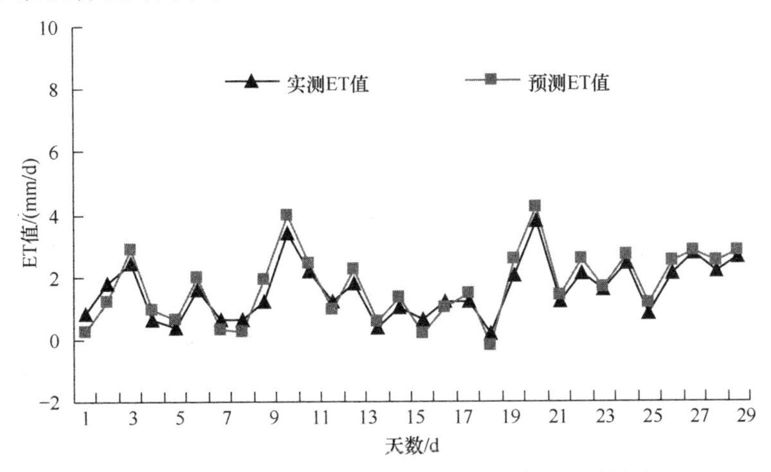

图 7-16 BP-ET4 网络模型温室茄子需水量预测结果

7.3.2 温室番茄需水量预测

采用表 7-2 中设计的 BP-ET4 网络结构，取 2007 年 9 月 12 日～11 月 30 日 80 天鄂州温室番茄试验数据做训练学习样本；取 2007 年 12 月 1 日～12 月 20 日 20 天试验数据做检验样本，对温室番茄需水量做预测。用 BP-ET4 网络模型预测温室番茄需水量的预测结果如图 7-17 所示，回归分析得到预测 ET 值和实测 ET 值相关系数为 R^2=0.9359，说明得到的预测 ET 值和实测 ET 值比较接近，具有较高的准确率，可以满足作物生长和灌溉管理的需求。结果表明，采用训练好的基于 BP 网络的温室番茄需水量预测模型，对番茄需水量做预测也是比较合理和可行的。

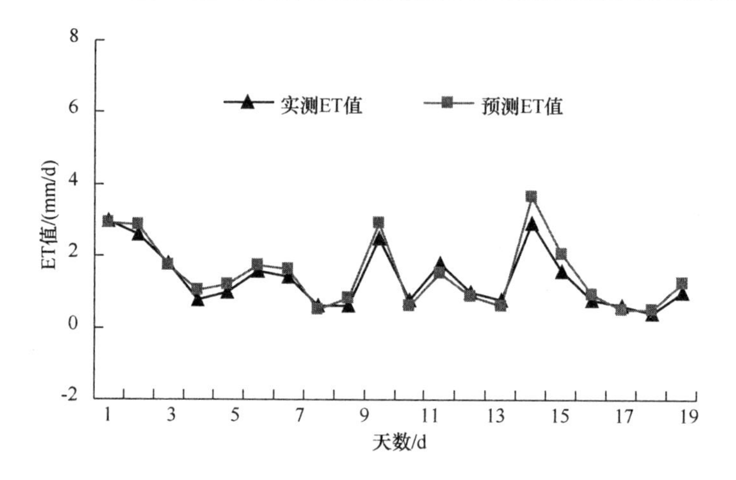

图 7-17　BP-ET4 网络模型温室番茄需水量预测结果

7.3.3　温室黄瓜需水量预测

采用表 7-2 中设计的 BP-ET4 网络结构，取 2007 年 10 月 29 日～2008 年 1 月 16 日 80 天鄂州温室黄瓜试验数据做训练学习样本；取 2008 年 1 月 17 日～2 月 1 日 16 天试验数据做检验样本，对温室黄瓜需水量做预测。用 BP-ET4 网络预测温室黄瓜需水量的预测结果如图 7-18 所示，回归分析得到预测 ET 值和实测 ET 值相关系数为 R^2=0.9327，说明得到的预测 ET 值和实测 ET 值比较接近，具有较高的准确率，可以满足作物生长和灌溉管理的需求。结果表明，采用训练好的基于 BP 网络的温室黄瓜需水量预测模型，对黄瓜需水量做预测也是比较合理和可行的。

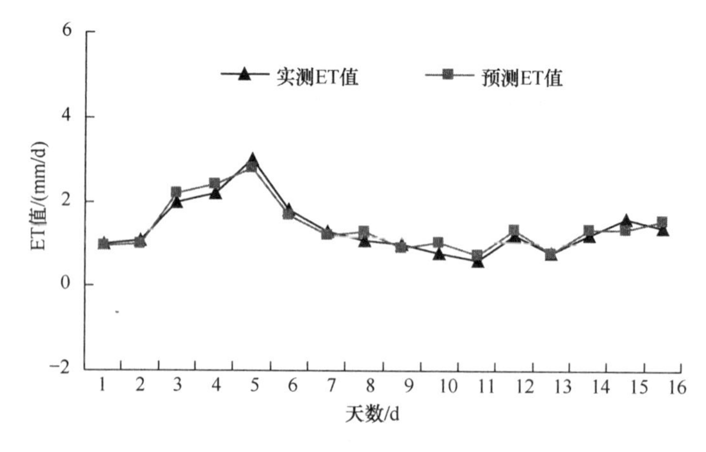

图 7-18　BP-ET4 网络模型温室黄瓜需水量预测结果

7.4 本章小结

本章运用 BP 网络理论，建立了基于 BP 网络的温室作物需水量预测模型，该模型通过温室室内气象因子来推断此时作物需水量。并且本章运用建立的 BP 网络模型对鄂州温室茄子、温室番茄、温室黄瓜需水量做预测，结果表明该预测模型具有较好的预测性能，能够得到比较准确的结果，可以为温室作物灌溉管理提供决策依据。在实际应用中可以依据较易获得的有限气象资料，应用 BP 网络模型实现对温室作物需水量的预测。

虽然本章的预测模型不需要建立具体的数学模型，操作简便，较为实用，但由于影响温室作物需水量的因素很多，如气候、温室室内气象环境要素、土壤条件、灌水方式、管理方法等都对温室作物需水量有一定影响，如果能更加合理考虑诸多因素对作物需水量的影响，从而确定合适的网络控制变量，可以提高网络模型的预测精度。

第 8 章　基于 Elman 网络的温室作物需水量预测模型

影响需水量变化因素之间是一种不确定、非线性的关系。神经网络具有自组织、自适应、自学习功能，在复杂对象的处理、辨识和预测控制中得到广泛的应用。目前大多采用基于 BP 算法的静态前馈神经网络，利用静态前馈网络对温室作物需水量进行预测控制，是由已知外界影响因素(一般是较易获得的气象因子)来推断此时的作物需水量。相比之下，动态回归神经网络提供了一种极具潜力的选择，它能够更生动、更直接地反映系统的动态特征，代表了神经网络建模的发展方向。Elman 网络是一种典型的动态回归神经网络，它是在 BP 网络结构的基础上，通过存储内部状态使其具备适应时变特性的能力。Elman 网络模型在其他研究领域有所应用，如径流预报、系统辨识、股价预测等，但在温室作物需水量预测方面的应用很少见。本章考虑由过去需水量历史值推断当前需水量，尝试在 MATLAB 神经网络工具箱中使用 Elman 网络建立当前需水量同过去需水量历史值间的神经网络模型，对温室作物需水量进行动态变化预测。

8.1　Elman 网络模型的原理

进行动态预测就是要根据最近若干个时期的资料预测未来某些时段的数据[143]，如利用最近 N 个时期的资料值预测未来 M 个时期的资料值。要用神经网络利用历史数据进行动态预测，必须首先建立一个宽度为 $N+M$ 的“移动窗”，每个窗体包含连续的 $N+M$ 个研究数据，作为神经网络的一个样本，其中，前 N 个数据作为网络系统的输入，后 M 个数据作为网络系统的输出，这样由已知的一个动态数列可以构造出若干个训练和检验网络的样本数据。不妨设已知的动态数列为 $Y_1,Y_2,Y_3,\cdots,Y_L$，则可以构造出如表 8-1 所示最多 $L–N–M+1$ 个样本，这些样本数据既可以作为训练网络的样本数据，也可以作为检验网络的样本数据。通过 L 个原始数据可以构造出 $L–N–M+1$ 个样本数据，每个样本具体构建见表 8-1。

表 8-1　训练和检验网络的样本数据构建表

样本序列	网络输入	网络输出
1	$Y_1, Y_2,\cdots,Y_{\mathrm{N}}$	$Y_{N+1}, Y_{N+2},\ldots,Y_{N+M}$
2	$Y_2, Y_3,\cdots,Y_{\mathrm{N+1}}$	$Y_{N+2}, Y_{N+3},\cdots,Y_{N+M+1}$
⋮	⋮	⋮
i	$Y_i, Y_{i+1},\cdots,Y_{i+\mathrm{N}-1}$	$Y_{i+N}, Y_{i+N+1},\ldots,Y_{i+N+M-1}$
⋮	⋮	⋮
L–N–M+1	$Y_{L-N-M+1}, Y_{L-N-M+2},\cdots,Y_{L-M\cdots}$	$Y_{L-M+1}, Y_{L-M+2},\ldots,Y_L$

本章研究作物需水量日变化规律，利用前日需水量预测今日需水量，即取 N=1，M=1，另外考虑影响作物需水量的主要气象因子室内日平均气温(AT)、室内日平均相对湿度(AH)、室内日太阳总辐射(TIR)，以增加控制变量，提高网络预测精度，最终建立以今日气象因子和前日需水量为输入、今日需水量为输出的 Elman 网络模型(Elman-ET)。

8.2　Elman 网络设计

合理确定 Elman 网络的结构是预测性能的基础。实际上结构的确定尤其是中间层神经元数目的确定是一个经验性的问题。本章考虑利用今日的气象因子(AT、AH、TIR)和前日作物需水量 ET 值来预测今日的需水量。所以网络输入层节点数为 4，输出层节点数为 1。网络模型权重的初始值为随机赋值，输入层与隐含层的传递函数采用正切 S 型函数，隐含层与输出层的传递函数则采用对数 S 型函数。对于传统的 Elman 网络采用的是经典 BP 算法，该算法收敛速度慢，且易遇到局部极小点难于收敛等缺点。本章网络学习算法为改进的 BP 算法即 L-M 算法，其对应的训练函数为 trainlm 函数。经过试算选择网络隐含层节点为 14 时，所建网络模型具有较好的拟合精度和较快的收敛速度。确定隐含层神经元个数为 14，即网络模型的拓扑结构为 4-14-1。所训练模型的参数设定为：最大训练次数为 1000，期望误差为 0.001，初始学习率为 0.03。网络结构设计列于表 8-2。

表 8-2　Elman 网络结构设计

模型	神经元个数			传递函数		初始学习率	期望误差
	输入层	隐含层	输出层	输入层和隐含层之间	隐含层和输出层之间		
Elman-ET	4	14	1	正切 S 型函数	对数 S 型函数	0.03	0.001

8.3　Elman 网络温室作物需水量预测模型的应用

8.3.1　温室茄子需水量预测

1. 基本资料

根据 8.2 节 Elman 网络设计，运用 BP 网络在温室作物需水量预测中的经验，选取鄂州试验基地 2007～2008 年温室作物需水量田间试验 2007 年 9 月 12 日～12 月 20 日 100 天茄子试验数据实测样本，前 80 天试验数据做训练学习样木，共生成 79 个样本对，对网络模型训练，后 20 天试验数据做检验样本。Elman-ET 网络模型拓扑结构为 4-14-1。

2. 网络训练和预测结果分析

采用上述样本资料，在 MATLAB 环境下用 Elman-ET 网络模型对温室茄子需水量做预测。样本训练结果及回归分析和预测结果及回归分析分别如图 8-1、图 8-2、表 8-3 所示。

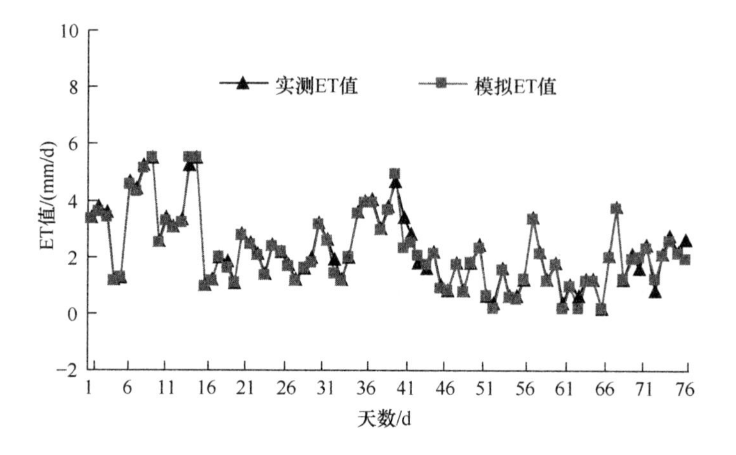

图 8-1　Elman-ET 网络模型温室茄子需水量训练结果

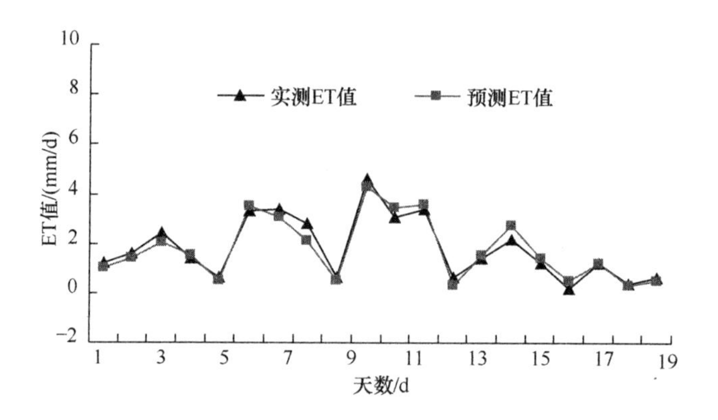

图 8-2　Elman-ET 网络模型温室茄子需水量预测结果

表 8-3　Elman-ET 网络模型训练、预测回归分析结果

模型	样本训练 ET 值和实测 ET 值相关系数	样本预测 ET 值和实测 ET 值相关系数
Elman-ET	R^2=0.9795	R^2=0.9460

由图 8-1、图 8-2 和表 8-3 可以看出，Elman-ET 网络模型样本训练结果较好，模拟 ET 值和实测 ET 值的相关系数达到了 R^2=0.9795；样本预测结果也较好，预测 ET 值和实测 ET 值的相关系数达到了 R^2=0.9460。这说明网络模型的预测性能比较好，能够满足作物生长和灌溉管理的需求，而且不需要建立具体的数学模型，操作简便。因此，采用训练好的基于 Elman 网络的温室茄子需水量预测模型对茄子需水量做预测是比较合理和可行的。

3. 利用一年温室茄子试验数据对温室茄子需水量做预测

将 2006 年 11 月和 2007 年 11 月温室茄子试验资料，2006 年 11 月试验数据做训练学习样本，共生成 29 个样本对；2007 年 11 月试验数据做检验样本。用 Elman-ET 网络模型对 2007 年 11 月温室茄子需水量做预测，样本输入为今日温室室内气象因子和前日需水量，样本输出为今日需水量。样本预测结果见图 8-3，回归分析得到预测 ET 值和实测 ET 值相关系数为 R^2=0.9293。结果表明，得到的预测 ET 值和实测 ET 值比较接近，具有较高的准确率，可以满足作物生长和灌溉管理的需求。

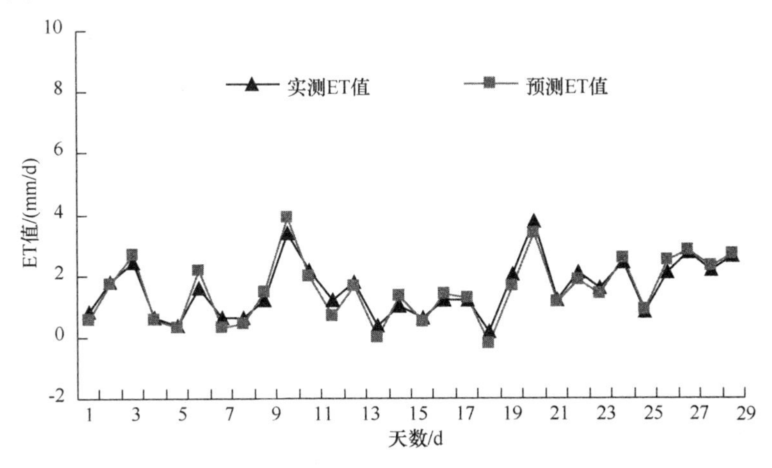

图 8-3　Elman-ET 网络模型温室茄子需水量预测结果

8.3.2　温室番茄需水量预测

同用 Elman 网络模型预测温室茄子需水量一样，采用 8.2 节设计的 Elman 网络结构，使用 2007～2008 年鄂州温室番茄 2007 年 9 月 12 日～12 月 20 日 100 天试验数据资料，取前 80 天试验数据做训练学习样本，共生成 79 个样本对，对网络模型训练；取后 20 天试验数据做检验样本。用 Elman 网络模型预测温室番茄需水量的预测结果如图 8-4 所示，回归分析得到预测 ET 值和实测 ET 值的相关系数为 R^2=0.9402，说明得到的预测 ET 值和实测 ET 值比较接近，具有较高的准确率，可以满足作物生长和灌溉管理的需求。结果表明，采用训练好的基于 Elman 网络的温室番茄需水量预测模型对番茄需水量做预测是比较合理和可行的。

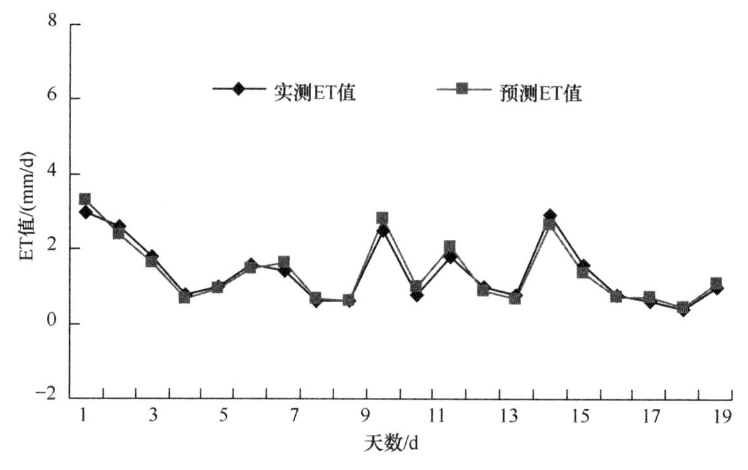

图 8-4 Elman-ET 网络模型温室番茄需水量预测结果

8.3.3 温室黄瓜需水量预测

同用 Elman 网络模型预测温室茄子需水量一样，采用 8.2 节建立的 Elman 网络模型，使用 2007～2008 年鄂州温室黄瓜 2007 年 10 月 29 日～2008 年 2 月 1 日 100 天试验数据资料，取前 80 天试验数据做训练学习样本，共生成 79 个样本对，对网络模型训练；取后 16 天试验数据做检验样本。用 Elman 网络模型预测温室黄瓜需水量的预测结果如图 8-5 所示，回归分析得到预测 ET 值和实测 ET 值的相关系数为 R^2=0.9412，说明得到的预测 ET 值和实测 ET 值比较接近，具有较高的准确率，可以满足作物生长和灌溉管理的需求。结果表明，采用训练好的基于 Elman 网络的温室黄瓜需水量预测模型对黄瓜需水量做预测是比较合理和可行的。

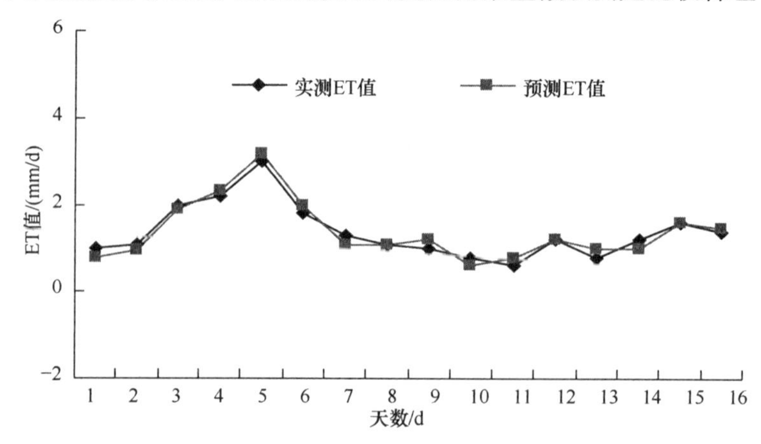

图 8-5 Elman-ET 网络模型温室黄瓜需水量预测结果

8.4　BP网络模型和Elman网络模型对比

以温室茄子需水量预测为例，由图 7-16 和图 8-2 两种模型预测结果，以及两种模型预测回归分析结果对比可以看出，温室茄子需水量 Elman-ET 网络模型比温室茄子需水量 BP-ET4 网络模型预测拟合效果要好。同样的原理，对比温室番茄和温室黄瓜需水量预测的 BP-ET4 网络模型和 Elman-ET 网络模型预测分析结果，可以看出 Elman-ET 网络模型的预测效果均较好，说明温室作物需水量 Elman-ET 网络模型的预测性能较好。

Elman 网络模型是一种动态神经元网络，具有局部反馈特性，注重网络的稳定性，因而网络模型不仅拟合精度较高，其预测能力也比 BP 网络模型好。另外，Elman 网络预测模型与 BP 前馈网络模型相比，其记忆容量不受输入个数限制，具有灵活性，可以更好地反映包含在输入模式中的动态时间特征，如果和时间序列结合，可以更好地实现非线性系统的动态建模。因而在温室作物需水量预测模型研究及应用方面，Elman 网络比 BP 网络更有优势，而且更具有应用潜力及较好的应用前景。

8.5　本章小结

运用 Elman 网络理论，建立了基于 Elman 网络温室作物需水量预测模型，通过今日温室室内气象因子和前日需水量来推断今日作物需水量，并运用建立的 Elman 网络模型对鄂州温室茄子、温室番茄、温室黄瓜需水量做预测，结果表明该预测模型具有较好的预测性能，能够得到比较准确的结果，可以为温室作物灌溉管理提供决策依据。在实际应用中，可以依据较易获得的气象资料及需水量资料，应用 Elman 网络模型实现对温室作物需水量动态变化的预测。

本章提出的 Elamn 网络建模方法为温室作物需水量预测带来了新的方法。BP 网络预测时是通过温室室内气象因子来推断此时作物需水量，而该方法是运用 Elman 网络建立当前需水量同过去需水量历史值间的神经网络模型，对温室作物需水量进行动态变化预测。将该模型与 BP 网络模型进行对比分析，结果表明 Elman 网络比 BP 网络更有优势，预测性能较好，预测结果更准确。同 BP 网络模型，如果能更加合理考虑诸多因素对作物需水量的影响，从而确定合适的网络控制变量，可以提高网络模型的预测精度。

第9章 基于GA-BP网络的温室作物需水量计算模型

9.1 GA-BP网络模型

由于 BP 网络本身存在极易陷入局部极小点、对复杂对象收敛速度慢等缺点，本书针对温室这种小气候现象显著、需水量与各环境因子之间存在严重交互影响作用，把遗传算法应用到对 BP 网络参数的优化上，根据所获得的棚内逐日气象参数及作物需水量情况，应用 GA-BP 网络模型对试区温室番茄需水量进行了预测，并对该模型预测效果进行了分析。下面将对 GA-BP 网络理论做一个简要的介绍。

9.1.1 BP网络的不足与优化

基于 BP 算法的神经网络通过多个具有简单处理功能的神经元的复合作用，使网络具有非线性映射能力。这种网络在理论上的完善性和广泛适用性决定了它在人工神经网络中的重要地位，但其算法的自身缺陷也是不可避免的。最突出的弱点归纳起来有以下几点：

(1) BP 网络模型存在局部极小问题，对于一些实际问题难以达到全局最优；

(2) 普通 BP 算法的收敛速度很慢；

(3) BP 网络模型的结构设计，特别是隐含层单元数的确定缺乏理论依据。

针对 BP 算法的这些缺陷，人们提出了种种改进措施[139,142,144]。例如，采用数值最优化 L-M 算法训练 BP 网络[145]，收敛速度得到明显改善，但要提高全局搜索能力、避免网络训练陷入局部最小值，还需要其他优化算法。此时，遗传算法(genetic algorithm，GA)就成了 BP 网络的一种重要的补充。遗传算法[146]是一种以达尔文的自然进化论和孟德尔的遗传变异理论为基础的全局随机搜索优化计算技术。遗传算法的搜索始终遍及整个解空间，擅长全局搜索；而神经网络在局部搜索时更为有效。因此，将两者结合起来，取长补短，形成一种混合训练算法，可以达到优化网络的目的。本书根据这种思想，利用遗传算法和神经网络的结合，改进了神经网络的性能，设计了一种基于遗传算法优化的神经网络模型(GA-BP 网络)，并把它用于温室作物需水量的预测。

9.1.2 遗传算法简介

1. 遗传算法概述

遗传算法是由 Holland 提出的，是通过模拟生物在自然环境中的遗传和进化过程而形成的一种自适应全局优化概率搜索算法[147-149]。它与传统的算法不同，大多数传统的优化算法是基于一个单一的度量函数(评估函数)的梯度或较高次统计，产生一个确定性的试验解序列；遗传算法不依赖于梯度信息，而是通过迷你自然进化过程来搜索最优解(optimal solution)，采取的是群体搜索策略和群体中个体之间的信息交换。它利用某种解码技术，作用于称为染色体的数字串，模拟由这些串组成的群体的进化过程。遗传算法尤其适用于处理传统搜索方法难以解决的复杂和非线性问题。遗传算法给出了一个用来解决高度复杂问题的新思路和新方法。

2. 遗传算法的基本思想

遗传算法是基于自然选择和基因遗传学原理的随机搜索算法。达尔文进化理论中的“适者生存”这一基本思想在遗传算法中得到充分的体现。在自然进化的过程中，生物优秀的基因被不断地继承下来，坏的特性会被逐渐淘汰。在遗传过程中，新一代群体中的个体不但包含着上一代个体的大量信息，而且新一代的个体不断地在总体特性上超过旧的一代，从而使整个群体向优良的、更适应环境的品质发展，对于遗传算法，就是不断地接近最优解的过程。基于这种理论，遗传算法通过编码将待求解问题的决策变量转化为遗传染色体，由决策变量的目标函数值决定染色体的适应度，再经过三个基本遗传算子(选择、交叉和变异)产生新的个体。那些适应度较高的个体有更多的机会被选择产生后代，子代个体包含父代染色体的有利信息，随着遗传代数的增加，个体的适应度不断提高，直至满足收敛条件，这时群体中适应度最高的个体即可作为待优化参数的近似最优解。

遗传算法的核心问题是寻找求解优化问题的效率与稳定性之间的有机协调性，即所谓的鲁棒性。由于遗传算法具有计算简单和功能强大的特点，它对于参数搜索空间基本上不要求苛刻的条件(如连续、导数存在及单峰等)，所以遗传算法在许多工程优化问题的求解上得以广泛应用。

3. 遗传算法的运行过程

遗传算法模拟了自然选择和遗传中发生的复制、交叉和变异等现象，从任一初始种群(population)出发，通过随机选择、交叉和变异操作，产生一群更适应环境的个体，使群体进化到搜索空间中越来越好的区域，这样一代一代地不断繁衍进化，最后收敛到一群最适应环境的个体(individual)，求得问题的最优解[149]。

1) 遗传算法的基本操作

(1) 选择(selection)。选择的目的是从当前的种群中选出优良的个体，使它们有机会作为父代为下一代繁殖子孙。根据各个个体的适应度，按照一定的规则或者方法从上一代群体中选择出一些优良的个体遗传到下一代群体中去。遗传算法通过选择运算体现这一思想，进行选择的原则是适应性强的个体为下一代贡献一个或多个后代的概率大。这样就体现了达尔文的适者生存原则。

(2) 交叉(crossover)。交叉操作是遗传算法中最主要的遗传操作，通过交叉操作以得到新一代个体，新个体组合了父辈个体的特性。将群体内的各个个体随机搭配成对，对每一个个体，以某个概念(称为交叉概率，crossover rate)交换它们之间的部分染色体。交叉体现了信息交换的思想。

(3) 变异(mutation)。变异操作是首先在群体中随机选择一个个体，对于选择的个体以一定的概率随机改变串结构数据中某个串的值，即对群体中的每一个个体以某一概率(称为变异概率，mutation rate)改变某一个或某一些基因座上的基因值为其他的等位基因。同生物界一样，遗体算法中变异发生的概率很低。变异为新个体的产生提供了机会。

2) 完整的遗传算法运算流程

完整的遗传算法的运算流程可以用图 9-1 来描述。

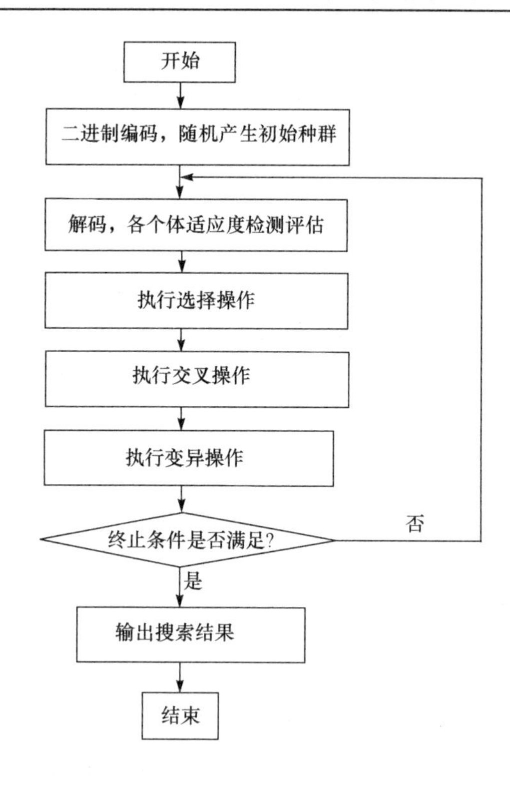

图 9-1　遗传算法运算流程图

它的主要运算过程如下。

(1) 编码：解空间中的解数据 x 作为遗传算法的表现型形式，从表现型到基因型的映射称为编码。遗传算法在进行搜索之前先将解空间的解数据表示成遗传空间的基因型串结构数据，这些串结构数据的不同组合就构成了不同的点。

(2) 初始群体的生成：随机产生 N 个初始串结构数据，每个串结构数据称为一个个体，N 个个体构成了一个种群。遗传算法以这 N 个串结构数据作为初始点开始进行迭代。设置进化代数计时器 $t \leftarrow 0$；设置最大进化代数 T；随机生成 M 个个体，作为初始群体 $P(0)$。

(3) 适应度值评价监测：适应度函数表明个体或解的优劣性。对于不同的问题，适应度函数的定义方式不同。根据具体问题，计算群体 $P(t)$中每个个体的适应度。

(4) 选择：将选择算子作用于群体。

(5) 交叉：将交叉算子作用于群体。

(6) 变异：将变异算子作用于群体。群体 $P(t)$经过选择、交叉、变异运算后得到下一代群体 $P(t+1)$。

(7) 终止条件判断：若 $t \leqslant T$ ，则 $t \leftarrow t+1$ ，转到步骤(2)；若 $t > T$ ，则以进化过程中所得到的具有最大适应度的个体为最优解输出，终止运算。

从遗传算法运算流程可以看出，进化操作过程简单，容易理解，它给其他各种遗传算法提供了一个基本框架。

9.1.3 遗传算法在神经网络中的应用

由于遗传算法能够收敛到全局最优解，而且遗传算法的鲁棒性强，将遗传算法与前馈网络结合起来是很有意义的，两者的结合不仅能发挥神经网络的泛化映射能力，而且使神经网络具有很快的收敛性和较强的学习能力。遗传算法与神经网络结合主要有两种方式：一是用于网络训练，即学习网络各层之间的连接权值；二是学习网络的拓扑结构。考虑具体的优化内容和策略可以分为以下三种方式。

1. 神经网络的参数训练

对于给定的网络拓扑结构，首先列出神经网络中所有可能存在的神经元，然后将这些神经元所有可能存在的连接权值编码成二进制码串或实数码串表示的个体，随机地生成这些码串的群体，进行常规的遗传算法优化计算。将码串解码构成神经网络，计算所有训练样本通过此神经网络产生的平均误差，可以确定每个个体的适应度。定义适应度函数为

$$f = \left(\sum_{t=1}^{p} E_t^2 \right)^{-1} \tag{9-1}$$

终止条件为：群体适应度趋于稳定，或误差 E 小于某一定值，或已达到预定的进化代数。

2. 优化网络结构和学习规则

利用遗传算法优化设计的不仅是神经网络的结构，而且还包括神经网络的学习规则和与之关联的参数。这类方法中有的还利用遗传算法优化设计个体适应度的计算方程。这类方法并不将连接权值编码成码串，而是将未经训练的神经网络的结构模式和学习规则编码成串表示的个体，因此，遗传算法搜索的空间较小。相对于第一种方法，它的缺点是，对于每个选择的个体都必须解码成未经训练的神经网络，再对此神经网络进行传统的训练以确定神经网络的连接权值。

3. 同时优化网络结构和连接权值

相对于上两种方法，此类方法的缺点在于：当优化设计解决较复杂的神经网络时，随着神经元数目的大量增加和学习规则的扩充，计算量会急剧增大，目前，一般只用于解决一些简单问题。本书主要考虑第一种方法，即神经网络参数的优化。应用改进型遗传算法对神经网络的参数空间进行并行搜索，寻找全局最优的

一组权值参数。

本书主要考虑第一种方法，即神经网络的参数训练。应用遗传算法对神经网络的参数空间进行并行搜索，寻找全局最优的一组权值参数。经过遗传算法优化过的 BP 网络，也可以简称为 GA-BP 网络。

GA-BP 网络的主要特点在于群体搜索策略和群体中个体之间的信息交换，搜索不依赖于梯度信息，对求解问题也没有特殊要求。因此遗传算法适用于处理那些传统方法难以解决的复杂的非线性问题。对于三层神经网络，遗传算法对神经网络的结构优化主要在于隐含层中节点个数的确定。本书采用 GA-BP 网络的基本思路是：首先初始给定 BP 网络，其次运用遗传算法优化 BP 网络的初始权值和阈值，再次将遗传算法获得的最后权值和阈值设定为 BP 网络的初始权值和阈值，最后采用数值优化 L-M 算法来训练网络。使用遗传算法优化 BP 网络的具体实现步骤如下：

(1) 生成初始种群：包括遗传算法初始种群个数 size 的确定(一般取种群的大小为 30～100)、遗传搜索空间[$u_{\min}$，$u_{\max}$]的设定、交叉和变异概率 p_c 与 p_m 的确定、BP 算法中学习率 η 的选择、动量因子 mc 的选择。

(2) 编码：此遗传算法的编码由两部分组成，包括由控制隐含层节点个数的控制码和调节权重的权重码。

(3) 选择复制：以 BP 网络均方误差的倒数为适应度函数，即 $f=\left(\sum_{t=1}^{p}E_t^2\right)^{-1}$，输入训练样本，按照适应度函数，求得每个个体的适应度。根据个体的适应度的大小，采用轮盘选择法复制生成新的种群。

(4) 交叉变异：利用交叉、变异等遗传操作算子对当前一代群体进行处理，产生新一代群体。此过程中，不对控制码进行操作，只针对实数编码的权重码进行交叉和变异，从而生成新一代群体。

(5) 重复上述步骤(3)、(4)，每迭代一次，群体就进化一次，经过多次迭代之后，群体中适应度最高的串，即为所需要解决问题的最合理的网络结构与相应的初始权值。

(6) 将此网络结构与初始权值作为 BP 网络的初始值，利用 BP 算法继续进行调节，经过一系列的信息前传和误差反向调节的过程，直到目标函数值达到所要求的误差精度。

GA-BP 网络建模的流程如图 9-2 所示。

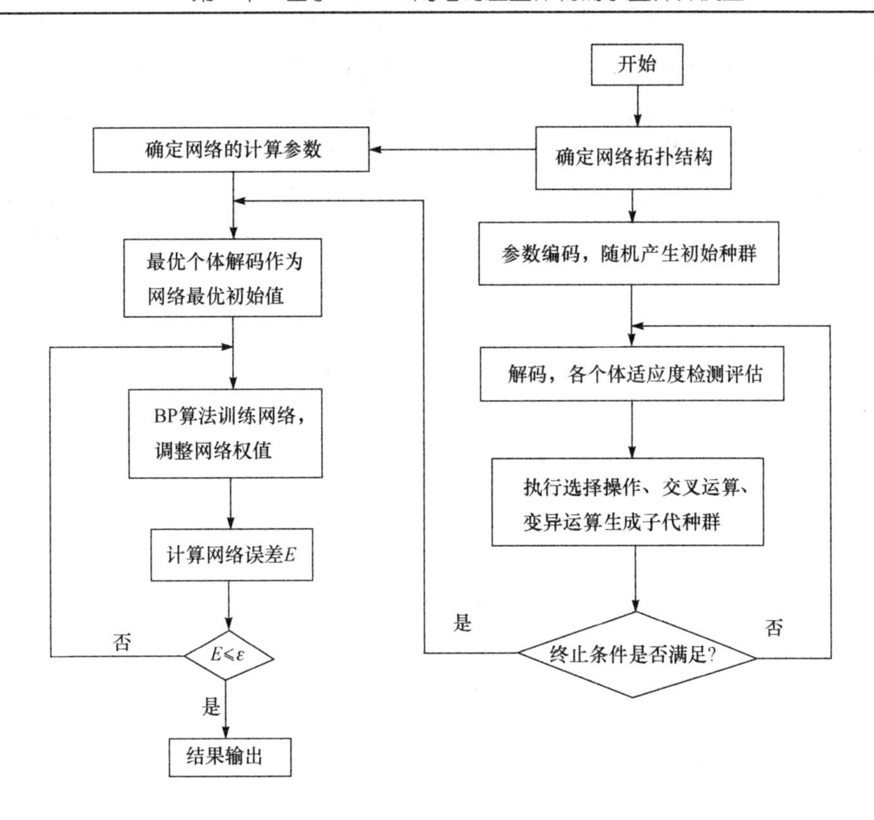

图 9-2　GA-BP 网络建模基本流程图

9.2　GA-BP 网络在温室作物需水量预测模型中的应用

对于任何闭区间内的一个连续函数都可以用一个隐含层的 BP 网络逼近。因而一个三层的 BP 网络可以完成任意的 n 维到 m 维的映射。所以本书也将采用含有一层隐含层的三层 BP 网络结构，即输入层、隐含层、输出层。

9.2.1　样本数据的处理

本章在 BP 网络中将影响温室番茄需水量的六个主要环境因子——温室内总辐射、最高气温、最低气温、最大相对湿度、最小相对湿度和 10cm 地温作为网络的输入端，将水量平衡法推求的温室番茄需水量作为网络输出端(为方便描述，后边将以水量平衡法推求的需水量 ET 作为网络的实测值)，建立一个具有六个输入、一个输出的网络结构。取 2005～2007 年全生育期内的 212 天实测数据作为神经网络的学习训练样本，以 2008～2009 年的资料为检验样本。

在网络学习过程中，为便于训练，更好地反映各因素之间的相互关系，必须对样本数据进行预处理。本书在训练网络之前，将样本数据归一化，处理如下：

$$Y = \frac{X - X_{\min}}{X_{\max} - X_{\min}} \tag{9-2}$$

在得到预测值之后，采用式(9-3)进行反归一化处理，即可得到作物需水量的实际值。

$$X = Y(X_{\max} - X_{\min}) + X_{\min} \tag{9-3}$$

式中：X =[TIR ，$T_{\max}$ ，$T_{\min}$ ，$AH_{\max}$ ，$AH_{\min}$ ，T_s ，ET]是一组试验样本数据，包括六个输入量和一个输出量；$X_{\max}$ 、$X_{\min}$ 分别为这组数据的最大值和最小值；Y 为归一化后的数据。

9.2.2　网络结构的确定

网络训练精度的提高，可以通过采用一个隐含层，而增加其神经元个数的方法来实现。这在结构实现上，要比增加更多的隐含层要简单得多，那么究竟选取多少个隐含层节点合适？隐含层的单元数直接影响网络的非线性性能，它与所解决问题的复杂性有关。但问题的复杂性无法量化，因而也不能有很好的解析式来确定隐含层单元数。一般对于三层前向网络隐含层节点数有如下经验公式。

方法一：

$$k < \sum_{i=0}^{n} C\begin{pmatrix} j \\ i \end{pmatrix} \tag{9-4}$$

式中：k 为样本数；j 为隐含层节点数；n 为输入层节点数，若 $i > j\frac{1}{2}$，$C\begin{pmatrix} j \\ i \end{pmatrix} = 0$ 。

方法二：

$$j = \sqrt{n+m} + a \tag{9-5}$$

式中：m 为输出层节点数；n 为输入层节点数；a 为 1～10 的常数。

方法三：

$$j = \log_2 n \tag{9-6}$$

式中：n 为输入层节点数。

方法四：

可以采用试错法来确定隐含层神经元个数。首先给定较小初始隐含层单元数，构成一个结构较小的 BP 网络进行训练。如果训练次数很多或者在规定的训练次数内没有满足收敛条件，停止训练，逐渐增加隐含层单元数形成新的网络重新训练。本章采用试错法确定隐含层节点数，最终得到的隐含层神经元个数为24个。

经过上面的数据处理和试错，最终得到 BP 网络模型的拓扑结构为 6-24-1。将归一化处理过的样本数据输入工作区，使用 MATLAB7.0 中的神经网络工具箱进行建模，网络模型具体结构设置如表 9-1 和图 9-3、图 9-4 所示。

表 9-1　BP 网络模型结构

模型	神经元个数			传递函数	
	输入层	隐含层	输出层	隐含层	输出层
BP 网络	6	24	1	tansig	logsig

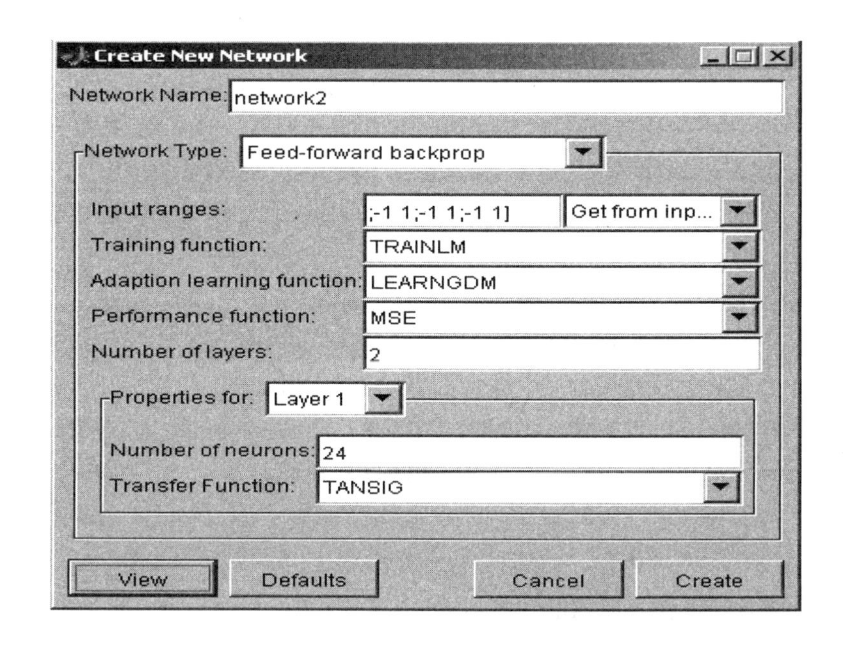

图 9-3　利用 MATLAB 神经网络工具箱构建网络模型

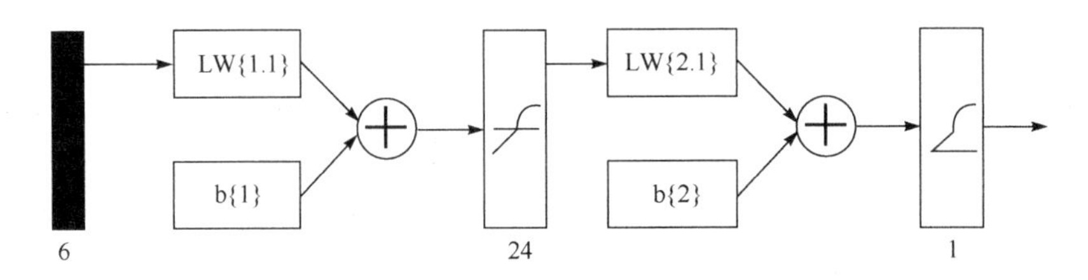

图 9-4　网络模型拓扑结构图

该网络包括 6 个输入节点、24 个隐含层节点和 1 个输出节点。其中，输入层与隐含层的传递函数为正切 S 型函数 tansig；隐含层与输出层的传递函数设定为对数 S 型函数 logsig；网络学习函数为 learngdm 函数；网络训练算法采用 L-M 算法，训练函数为 trainlm 函数；性能函数为 mse，即网络的均方差。该网络中各层神经元之间的权值和阈值采用 MATLAB 默认的程序进行初始化。网络基本构架建立以后，就可以使用遗传算法来对网络权值进行优化了。

9.2.3　遗传算法优化网络参数

进行参数优化之前需要先对遗传算法的几个运行参数进行预先设定：初始种群规模为 P=50，选择方法为轮盘赌法；采用单点交叉，交叉概率为 $p_c=0.6$；变异算子选非一致变异，变异概率取 $p_m=0.08$，遗传算法终止代数设为 gen=100，经进化 90 代后，均方误差达到 0.001，优化结束，优化后的网络参数矩阵如下：

(1) 从输入层到隐含层权值和阈值矩阵：

$$\boldsymbol{W}_1=\begin{pmatrix} 0.0167 & -0.3444 & -1.2463 & 1.0085 & -1.1508 \\ -0.4317 & 0.3667 & 1.5609 & -0.1176 & -1.1146 \\ -0.9315 & -1.2049 & 1.2854 & 0.1787 & 0.0979 \\ -1.2221 & 1.4898 & -0.1936 & -0.5123 & -0.0234 \\ -1.4641 & -0.1474 & -0.9009 & 0.5075 & 0.8826 \\ -1.2106 & 0.5010 & -0.4197 & 0.0490 & -1.4555 \end{pmatrix},\quad \boldsymbol{\theta}_1=\begin{pmatrix} -2.0034 \\ 1.2020 \\ 0.4007 \\ -0.4007 \\ -1.2020 \\ -2.0034 \end{pmatrix}$$

(2) 从隐含层到输出层权值和阈值矩阵：

$$
\boldsymbol{W}_2=\begin{pmatrix}
0.8564 & 1.1649 & 1.3021 & -0.7051 & -0.6888 & -0.9465\\
-0.6064 & -1.0371 & 0.8917 & 0.0498 & -0.8925 & -1.6175\\
-0.0391 & 0.4676 & -1.2359 & 1.2226 & 0.2270 & -1.5361\\
1.0337 & 1.3441 & 0.1420 & 1.2461 & 0.8831 & -0.6526\\
0.5558 & -0.6354 & -1.1005 & 0.4856 & -1.6417 & -0.8938\\
0.7924 & 0.4939 & 0.6777 & 1.2422 & 1.6660 & -0.0639\\
1.2738 & -0.7166 & -0.2466 & -1.4651 & 1.0458 & -0.4656\\
0.7358 & -1.0138 & 1.3201 & -1.1583 & -0.6668 & -0.7453\\
-1.4421 & -0.1912 & 0.2784 & 0.8082 & -0.2271 & 1.6598\\
-1.1260 & -0.0792 & 0.9032 & -1.6540 & 0.2651 & -0.8705\\
-0.3579 & -1.1947 & -0.4097 & 1.3502 & -1.0344 & 1.0184\\
1.0120 & 0.3283 & -1.0222 & -1.4670 & -0.4626 & 1.0540\\
-1.8620 & 0.0515 & -0.2759 & 0.1790 & -0.7932 & -1.2027\\
-1.4533 & 1.0554 & 1.4090 & 0.1649 & -0.3665 & 0.5301\\
0.5501 & -1.3224 & -0.4798 & -0.8809 & -0.7790 & 1.4104\\
-0.3067 & -0.2643 & -1.0660 & -0.8927 & 1.3121 & -1.3546\\
0.9386 & -0.2562 & -1.0830 & 1.3830 & -0.5419 & 1.1524\\
-1.0936 & 0.1954 & 1.0696 & -0.7848 & -1.5015 & 0.6363\\
-0.6173 & -1.4405 & 0.0788 & -1.5769 & -0.7848 & 0.2978\\
-0.4486 & 0.2779 & -0.8862 & 0.9829 & -0.9857 & 1.6286\\
-0.9234 & -0.0434 & 1.5240 & -1.5469 & -0.0135 & 0.2884\\
1.0245 & 0.0393 & -0.3418 & -1.2306 & 0.5961 & -1.6174\\
-1.8125 & 1.1967 & -0.7264 & -0.3271 & -0.2636 & -0.4821\\
1.8532 & 0.9793 & 0.9829 & -0.0532 & -0.3878 & 0.3755
\end{pmatrix},\quad
\boldsymbol{\theta}_2=\begin{pmatrix}
-2.3777\\ 2.1710\\ 1.9642\\ -1.7575\\ -1.5507\\ -1.3439\\ -1.1372\\ -0.9304\\ 0.7237\\ 0.5169\\ 0.3101\\ -0.1034\\ -0.1034\\ -0.3101\\ 0.5169\\ -0.7237\\ 0.9304\\ -1.1372\\ -1.3439\\ -1.5507\\ -1.7575\\ 1.9642\\ -2.1710\\ 2.3777
\end{pmatrix}
$$

9.2.4 GA-BP 网络模型的训练

下面将初步优化得到的网络参数矩阵赋给已建好的 BP 网络模型，开始进入网络训练阶段。学习率为 0.05，期望误差设为 0，当网络训练过程迭代 300 次后终止，此时控制网络总平方误差可达到 0.000358856，而网络误差的绝对值都保持在(−1，1)，相关度达到 0.9724，达到精度要求，网络训练结束。训练误差检验结果如图 9-5 所示。

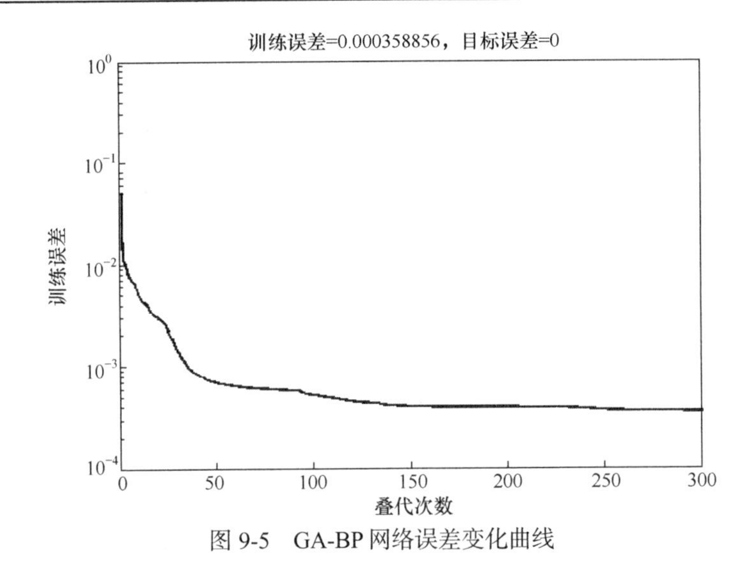

图 9-5　GA-BP 网络误差变化曲线

9.2.5　模型的拟合与检验

网络训练结束以后，开始进行网络模型的预测效果检验。本书选用了2008～2009 年的实测试验数据对已建成的 GA-BP 网络预测模型进行检验。将该生育期一整年对应的六个气象因素作为输入项，代入 GA-BP 网络模型，进行温室番茄需水量的预测，网络输出进行反归一化的处理，便可得到温室番茄在2008～2009 年整个生育期的需水量预测 ET 值(GA-BP)。

图 9-6 给出了 GA-BP 网络输出预测值与实测值之间的拟合曲线。从拟合结

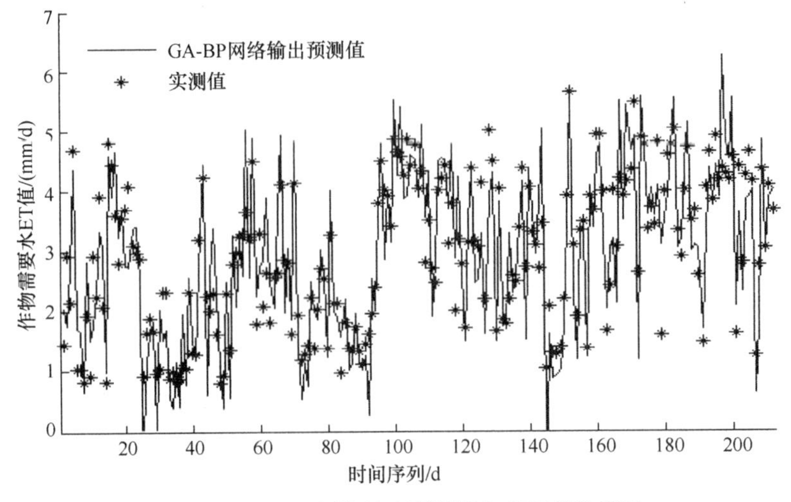

图 9-6　GA-BP 网络输出预测值与实测值的模拟

果可以看出，在 2008～2009 年的整个生育期内，网络输出预测值与实测值之间拟合效果良好，经统计得到两者之间的平均绝对误差为 e=0.53 mm/d，最大误差 e_{max} ≤2 mm/d。从图中还发现网络输出结果有三个地方出现了 0 值，它们分别出现在时间序列的第 25 天、第 29 天和第 145 天，实际中作物在正常生长的情况日需水量必然为正值，负数的出现表明预测结果失效。分析原因：在出现负值的三天内，天气状况多为阴天或雨天，外界辐射强度降低，温室密闭的环境里空气干燥力非常小，由于蒸腾缺乏动力，室内番茄耗水量较低，网络预测值在一定范围内波动，于是出现 0 值，但误差仍然小于 1 mm/d，可以接受。

表 9-2 列出了 2008～2009 年温室番茄以旬为单位的需水量实测值与 GA-BP 网络模型预测值的误差比较。从表中看出，ET 预测值(GA-BP)与实测 ET 值之间存在一定的误差，最大，最小相对误差绝对值分别为 15.72%和 0.63%，平均值为 5.55%。其中误差较大的值多出现在 2008 年 2 月，此时正是寒冬冰雪天气，降雪造成气温骤降，且使太阳辐射的反射率发生很大改变，这些都严重影响了预报的精度，从而导致预测误差偏大。进行相关分析(图 9-7)可得两者之间呈正相关，复相关系数为 R^2=0.9061。

表 9-2　GA-BP 网络模型预测结果与实测值的误差比较

日期	10 月下旬	11 月上旬	11 月中旬	11 月下旬	12 月上旬	12 月中旬	12 月下旬	翌年 1 月上旬	翌年 1 月中旬	翌年 1 月下旬	翌年 2 月上旬
预测值/(mm/d)	2.11	3.29	1.67	1.21	2.05	3.13	2.78	2.10	1.33	3.81	3.91
实测值/(mm/d)	2.01	3.38	1.97	1.28	2.09	3.07	2.56	2.03	1.48	3.84	3.79
相对误差绝对值/%	5.35	2.64	13.51	5.37	1.75	1.99	8.46	3.88	9.66	0.83	3.38
预测值/(mm/d)	3.66	2.92	2.89	2.10	3.38	3.55	4.08	3.55	4.33	3.22	2.91
实测值/(mm/d)	3.27	3.46	2.87	2.24	3.66	3.58	3.99	3.53	4.10	3.50	2.94
相对误差绝对值/%	11.96	15.72	0.76	6.28	7.50	0.95	2.38	0.63	5.61	7.92	5.55

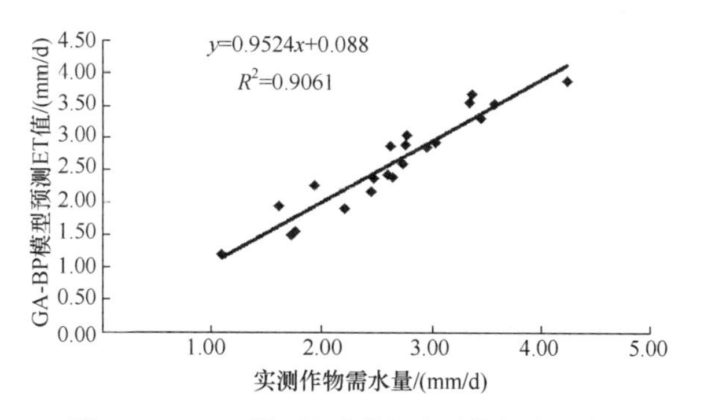

图 9-7　GA-BP 模型拟合值与实测值相关性分析

通过相关性分析，可以看出使用遗传算法优化过的 BP 网络，其拟合值与实测值之间都具有比较好的相关性。如图 9-7 所示，采用 GA-BP 网络模型预测的需水量，其复相关系数达到了 0.9061，平均相对误差仅为 0.09，预测精度较高。这说明在处理温室微气候复杂的动态系统时，通过构建基于 GA-BP 网络的方法来预测温室番茄需水量，更有利于进一步提高对温室内番茄需水量的预测精度。

为了进一步检验 GA-BP 网络的预报精度，本书通过计算预测标准误差 SEE 和有效性指数 EF 的方法对预报值 ET(GA-BP)与实测值 ET 的一致性进行检验，计算公式如下：

$$\mathrm{SEE}=\sqrt{\frac{\sum(Y-\tilde{Y})^2}{N-2}} \tag{9-7}$$

$$\mathrm{EF}=1.0-\frac{\sum(Y-\tilde{Y})^2}{\sum(Y-Y_m)^2} \tag{9-8}$$

式中：Y 和 $\tilde{Y}$ 分别为实测值和网络预测值；Y_m 为 Y 的平均值。

经计算得到预测标准误差 SEE=0.2141 mm，预测模型的有效性指数达到了 94.24%，说明模型具有较好的预测能力。

9.3　本章小结

利用遗传算法优化 BP 网络参数，在此基础上建立了拓扑结构为 6-24-1 的 GA-BP 网络模型，并将该模型应用于温室番茄需水量的预测，达到了很好的预测效果。研究表明，通过构建基于 GA-BP 网络的方法来预测温室番茄需水量，更有利于提高对温室内番茄需水量的预测精度。

第10章　结论与展望

10.1　主要结论

本书在认真总结和归纳现有文献的基础上，全面考虑温室内外气象环境要素、土壤温湿度、作物水分生理等诸多要素，开展了长期连续的田间试验研究，获取大量数据资料。在此基础上，开展了作物需水量相关的理论和模型研究，并取得了初步的成果。

(1) 针对温室膜下滴灌这一特殊的灌溉水方式，通过试验研究和分析得到使用 TDR 仪器精确测量温室作物膜下滴灌土壤含水量的方法，并在此基础上得到根据水量平衡法推求作物需水量的计算公式，这些成果为研究温室作物需水量计算模型的计算和检验提供了可靠的保证。

(2) 本书通过田间试验，对越冬温室番茄蒸腾速率变化规律进行了深入研究，研究结果表明：温室番茄蒸腾速率与环境因子之间具有很大的相关性；三种位置叶片的蒸腾速率变化规律基本相同，即在晴天呈倒“V”字形的单峰变化，阴雨天呈“一”字形的变化；温室番茄顶层叶片是进行蒸腾作用的主要部位；影响番茄蒸腾速率的各环境因子之间存在多重的相关性，经统计分析得到最大的方差膨胀因子 $\mathrm{VIP}_{max}=86.46>$

10，针对这种情况，引入偏最小二乘回归的分析方法，建立起基于土壤温度、相对湿度、平均气温、大气压、蒸发量、太阳辐射等环境因子的温室番茄蒸腾速率偏最小二乘回归模型，并对模型的预测效果进行了检验，结果令人满意。

(3) 研究了两种蒸发皿蒸发量与实测作物需水量间的变化规律，分析了温度、辐射等常规气象因子对蒸发量、实测需水量变化的影响。最后应用两种蒸发皿的蒸发量建立了基于水面蒸发法的温室作物需水量计算模型，并得到如下结论：日光温室内实测作物需水量和蒸发量的变化主要受温度与辐射的影响，蒸发量和需水量在 10 月、11 月较强，随后开始减弱，在翌年 2 月回升，呈现较强的增长趋势，翌年 5 月达到最大；温室内蒸发量和作物需水量在初始阶段变化趋势基本一致，但到了中期蒸发量的变化趋势明显缓于作物需水量的变化趋势；研究表明基于水面蒸发法估算温室膜下滴灌作物需水量是可行的，且基于 D15.6 蒸发皿建立的模型，精度略高于基于 E601 蒸发皿建立的模型。

(4) 温室膜下滴灌作物系数 Kc 值的变化主要受温度和辐射的影响。作物系数 Kc 与辐射呈负相关的关系，随辐射升高而降低，若此时温度升高则作物系数 Kc 降低趋势变缓，若温度降低则作物系数 Kc 降低趋势变陡；温室膜下滴灌作物系数 Kc 值较露天试验所得的 Kc 值(一般为 1 左右)大；经过验证，采用作物系数法计算得到的作物需水量精度较高，计算方法优于水面蒸发法。

(5) 影响温室作物蒸发蒸腾量的因素很多，同时温室作物需水量同各种影响因子之间有着复杂的非线性关系，本书针对这一问题，在温室作物需水量田间试验研究的基础上，运用 MATLAB 的神经网络工具箱建立温室作物需水量预测的 BP 网络预测模型和 Elman 网络预测模型，并以湖北省鄂州市节水灌溉基地试验资料为基础，完成了 BP 网络和 Elman 网络的学习与模型验证。结果表明，Elman 网络比 BP 网络的预测精度高。可见在温室作物需水量预测模型研究及应用方面，Elman 网络比 BP 网络更有优势，具有较好的应用潜力和应用前景。

(6) 针对 BP 网络自身存在的缺点，本书将遗传算法应用到 BP 网络中来，建立了网络结构为 6-24-1 的基于遗传神经网络的温室作物需水量预测模型(GA-BP 网络模型)，利用实测作物需水量对该模型的计算结果进行了验证。研究结果表明，温室环境内遗传算法优化后的 BP 网络模型预报效果较好，逐日预报绝对误差平均值为 0.53 mm/d；以旬为单位的统计中，预测标准误差为 0.2141 mm，有效性指数达到 94.24%。该模型在温室环境下预测作物腾发量具有较强的适用性，预报精度很高。可见将 GA-BP 网络模型用于预测我国春冬季温室作物需水量较为可靠，且计算方法更科学准确，模型更稳定。试验结果对温室作物需水量模型研究的进一步发展，具有参考价值。

10.2 创新点

本书的特色与创新在于：进行了国内外尚未系统开展的温室大棚作物膜下滴灌需水规律和需水量计算模型研究，综合采用了多种类型模型(传统经验公式、现代数学算法)对温室作物需水量进行模拟和预测，从而为更科学地制定温室作物灌溉制度和生产管理提供依据。

(1) 以水量平衡为依据，提出使用 TDR 测量大棚作物膜下滴灌土壤含水量变化，进而推求大棚作物需水量的方法。该成果为我国大棚作物膜下滴灌需水量模型研究具有深远的意义。

(2) 针对环境因子之间存在多重相关性，引入偏最小二乘回归分析方法，建立了温室番茄顶层蒸腾速率的偏最小二乘回归模型。该模型具有较强的有效性，对解决具有多重相关性干扰的多元回归分析问题及样本成分的选取问题等都具有很好的效果。

(3) 尝试使用 Elman 动态回归神经网络建立当前需水量同过去需水量历史值间的神经网络模型，对温室作物需水量进行动态变化预测。Elman 网络模型在温室作物需水量预测中是一种新的尝试，本书提出的 Elman 网络建模方法为温室作物需水量预测带来了新的方法。

(4) 本书利用遗传算法优化 BP 网络结构，提高了神经网络的收敛速度和稳定性，构建了基于遗传算法优化的 BP 网络温室番茄需水量预测模型，此方法为温室作物需水量预测模型的发展提供了一条新的思路。

10.3 展望

尽管本书的研究工作已取得了较为丰富的成果，但由于时间关系及作者在研究工作的视野有限，尚存在一些不足之处，需要在以后的学习和工作中进一步研究与完善。

(1) 建立的基于水面蒸发法和作物系数法的温室作物需水量计算模型虽然精度较高，但能否推广应用到其他类型温室或地区，有待于进一步验证。另外，水面蒸发法和作物系数法的模型参数需要大量实测数据进行率定，参数拟合的准确性是计算或模拟作物需水量能否成功的关键。如果能找到更简单可行的方法，针对不同作物或温室类型进行参数校正，便可将此类经验公式应用于任何类型的温室或作物以计算温室作物蒸发蒸腾量，因此这类方法具有很大的应用前景。

(2) 书中建立的基于遗传算法的修正 BP 网络预测模型虽然精度较高，但研究成果是在特定温室环境下得到的，对于同类型温室大棚具有较好的适应性，可是已训练好的模型能否在其他地区或者其他类型的温室大棚内得到推广应用，有待于更多试验资料的验证。

(3) BP 网络应用在需水量预测中属于交叉学科，因而还有一些问题需要进一步研究，理想的训练样本提取困难，影响网络的训练速度和训练质量；BP 网络结构的优化，特别是隐含层节点数目的选取可采用进化优化算法来确定。这些优化算法较多，不仅仅限于 L-M 算法和遗传算法，如何采用更先进简单的方法搜索更加优化的 BP 网络模型结构，以此提高网络的学习和预测能力，得到更加精确的预测结果，仍然是一系列有待完善的研究问题。

参考文献

[1] DEB S K, SHUKLA M K, SHARMA P, et al. Soil water depletion in irrigated mature pecans under contrasting soil textures for arid southern new Mexico. Irrigation Science, 2013, 31(1): 69-85.

[2] DU T S, KANG S Z, ZHANG J H, et al. Deficit irrigation and sustainable water-resource strategies in agriculture for China's food security. Journal of Experimental Botany, 2015, 66(8): 2253-2269.

[3] 康绍忠, 霍再林, 李万红. 旱区农业高效用水及生态环境效应研究现状与展望. 中国科学基金, 2016(3): 208-212.

[4] 山仑，康绍忠，吴普特. 中国节水农业. 北京: 中国农业出版社, 2004: 1-12.

[5] ÇAKIR R, KANBUROGLU-ÇEBI U, ALTINTAS S, et al. Irrigation scheduling and water use efficiency of cucumber grown as a spring-summer cycle crop in solar greenhouse. Agricultural Water Management, 2017, 180(PartA): 78-87.

[6] QIU R J, SONG J J, DU T S, et al. Response of evapotranspiration and yield to planting density of solar greenhouse grown tomato in northwest China. Agricultural Water Management, 2013, 130: 44-51.

[7] ALBERTO M C R, QUILTY J R, BURESH R J, et al. Actual evapotranspiration and dual crop coefficients for dry-seeded rice and hybrid maize grown with overhead sprinkler irrigation. Agricultural Water Management, 2014, 136: 1-12.

[8] ZHAO P, LI S E, LI F S, et al. Comparison of dual crop coefficient method and shuttleworth–wallace model in evapotranspiration partitioning in a vineyard of northwest China. Agricultural Water Management, 2015, 160: 41-56.

[9] 王鹏勃, 李建明, 丁娟娟, 等. 水肥耦合对温室袋培番茄品质、产量及水分利用效率的影响. 中国农业科学, 2015, 48(2): 314-323.

[10] SOLDEVILLA-MARTINEZ M, QUEMADA M, LÓPEZ-URREA R, et al. Soil water balance: comparing two simulation models of different levels of complexity with lysimeter observations. Agricultural Water Management, 2014, 139: 53-63.

[11] ABEDI-KOUPAI J, ESLAMIAN S S, ZAREIAN M J. Measurement and modeling of water

requirement and crop coefficient for cucumber, tomato and pepper using microlysimeter in greenhouse. Journal of Science and Technology of Greenhouse Culture, 2011, 2(7): 51-64.

[12] 刘浩, 孙景生, 段爱旺, 等. 温室滴灌条件下番茄植株茎流变化规律试验. 农业工程学报, 2010, 26(10): 77-82.

[13] MARTINS J D, RODRIGUES G C, PAREDES P, et al. Dual crop coefficients for maize in southern Brazil: model testing for sprinkler and drip irrigation and mulched soil. Biosystems Engineering, 2013, 115(3): 291-310.

[14] ZHENG W, PAULA P, YU L, et al. Dual crop coefficients for maize in southern Brazil: model testing for sprinklers and drip irrigation and mulched systems. Agricultural Water Management, 2015, 147(C): 43-53.

[15] 姚勇哲, 李建明, 张荣, 等. 温室番茄蒸腾量与其影响因子的相关分析及模型模拟. 应用生态学报, 2012, 23(7): 1869-1874.

[16] FERNÁNDEZ M D, BONACHELA S, ORGAZ F, et al. Measurement and estimation of plastic greenhouse reference evapotranspiration in a Mediterranean climate. Irrigation Science, 2010, 28: 497-509.

[17] SHARMA H, SHUKLA M K, BOSLAND P W, et al. Soil moisture sensor calibration, actual evapotranspiration, and crop coefficients for drip irrigated greenhouse chile peppers. Agricultural Water Management, 2017, 179: 81-91.

[18] VALDÉS-GÓMEZ H, ORTEGA-FARÍAS S, ARGOTE M. Evaluation of the water requirements for a greenhouse tomato crop Using the Priestley-Taylor method. Chilean Journal of Agricultural Research, 2009, 69(1): 3-11.

[19] 邱让建, 杜太生, 陈任强. 应用双作物系数模型估算温室番茄耗水量. 水利学报, 2015, 46(6): 678-686.

[20] 石小虎, 蔡焕杰, 赵丽丽, 等. 基于 SIMDualKc 模型估算非充分灌水条件下温室番茄蒸发蒸腾量. 农业工程学报, 2015, 31(22): 131-138.

[21] 刘浩, 段爱旺, 孙景生, 等. 基于 Penman-Monteith 方程的日光温室番茄蒸腾量估算模型. 农业工程学报, 2011, 27(9): 208-213.

[22] 孙国祥, 闫婷婷, 汪小旵, 等. 基于小波变换和动态神经网络的温室黄瓜蒸腾速率预测. 南京农业大学学报, 2014, 37(5): 143-152.

[23] 塔娜, 五十六, 马文娟, 等. 不同含水率下日光温室土壤温度变化规律的峰拟合法拟合. 农业工程学报, 2014, 30(20): 204-210.

[24] 何芬, 马承伟, 周长吉, 等. 基于有限差分法的日光温室地温二维模拟. 农业机械学报, 2013, 44(4): 228-232.

[25] 胥芳, 蔡彦文, 陈教料, 等. 湿帘-风机降温下的温室热/流场模拟及降温系统参数优化. 农业工程学报, 2015, 31(9): 201-208.

[26] DANNEHL D, SUHL J, HUYSKENS-KEIL S, et al. Effects of a special solar collector greenhouse on water balance, fruit quantity and fruit quality of tomatoes. Agricultural Water Management , 2014, 134: 14-23.

[27] 张大龙, 张中典, 李建明. 环境因子对温室甜瓜蒸腾的驱动和调控效应研究. 农业机械学报, 2015, 46(11): 137-144.

[28] GE J K, WANG S S, WU F, et al. Modelling greenhouse thermal environment in north China based on simulink. Nature Environment and Pollution Technology, 2016, 15(1): 217-220.

[29] 唐卫东, 刘欢, 刘冬生, 等. 基于植株-环境交互的温室黄瓜虚拟生长模型研究. 农业机械学报, 2014, 45(2): 262-268.

[30] 罗金耀，李少龙. 我国设施农业节水灌溉理论与技术研究进展，节水灌溉，2003(3): 11-13.

[31] KANO A, NAITOH M, OHKAWA K, et al. Measurement and simulation of greenhouse rose transpiration and leaf water potential. Bulletin of the Faculty of Agriculture-shizuoka University (Japan), 1994, 22(22):389-398.

[32] LEGG B J, LONG I F. Microclimate Factors Affecting Evaporation and Transpiration. Physical Aspects of Soil Water and Salts in Ecosystems. Berlin: Springer, 1973:275-285.

[33] 邹志荣, 李建明, 王乃彪, 等. 日光温室温度变化与热量状态分析. 西北农业学报，1997, 6(1): 58-60.

[34] 李元哲, 吴德让, 于竹. 日光温室微气候的模拟与实验研究. 农业工程学报，1994, 10(1): 130-136.

[35] SEGINER I. The penman-monteith evapotranspiration equation as an element in greenhouse ventilation design. Biosystems Engineering, 2002, 82(4):423-439.

[36] BOULARD T, JEMAA R, BAILLE A. Validation of a greenhouse tomato crop transpiration model in mediterranean conditions. Acta Horticulturae, 1997, 449(449):551-560.

[37] 李良晨. 不加温温室和塑料大棚内外温度的相关关系. 西北农业大学学报，1992, 20(1): 23-29.

[38] 王俊霞. 滴灌技术在温室中的应用. 农业技术与装备, 2009(1):56-56.

[39] 原保忠, 康跃虎. 浅谈滴灌在日光温室中的应用. 节水灌溉, 1999(4):16-17.

[40] 李光永. 世界微灌发展态势. 节水灌溉, 2001, 1(2):24-27.

[41] 雷水玲, 孙忠富, 雷廷武,等. 温室作物叶-气系统水流阻力研究初探. 农业工程学报, 2004, 20(6):46-50.

[42] 罗金耀, 李少龙. 灌溉水质属性综合评价方法研究. 灌溉排水学报, 2003, 22(1): 70-72, 80.

[43] 张树森, 雷勤明. 日光温室蔬菜渗灌技术研究. 灌溉排水，1994, 12(2): 30-32.

[44] 诸葛玉平, 张玉龙, 李爱峰, 等. 保护地番茄栽培渗灌灌水指标的研究. 农业工程学报, 2002, 18(2): 53-57.

[45] 梁称福. 塑料温室内空气湿度变化规律与不同降湿处理效应研究. 长沙: 湖南农业大学，2003.

[46] LOMAS J, SCHLESINGER E, ZILKA M, et al. The relationship of potato leaf temperatures to air temperatures as affected by overhead irrigation, soil moisture and weather. Journal of Applied Ecology, 1972, 9(1):107-119.

[47] BOGLE C R, HARTZ T K, NUNEZ C. Comparison of subsurface trickle and furrow irrigation on plastic-mulched and bare soil for tomato production. Journal of the American Society for Horticultural Science, 1989, 114(1):40-43.

[48] NA Y U, ZHANG Y L, ZHANG Y L, et al. Study on effect of irrigation and fertilization on yield and fruit quality of greenhouse tomato. Soil & Fertilizer Sciences in China, 2009, 5618:786-796.

[49] OMRAN M A, ABOUELNAGA S A, SHEHATA AM. The effect of organic matter and soil

moisture on pepper yield and constituents. Egyptian Journal of Soil Science, 1995.
[50] CHARTZOULAKIS K, DROSOS N. Water use and yield of greenhouse grown eggplant under drip irrigation. Agricultural Water Management, 2007, 28(2):113-120.
[51] BORIN M. Irrigation management of processing tomato and cucumber in environments with different watertable depths. Acta Horticulturae, 1990(267):85-92.
[52] 邵光成, 刘娜, 陈磊. 温室辣椒时空亏缺灌溉需水特性与产量的试验. 农业机械学报, 2008, 39(4):117-121.
[53] SCHOCH P G, L'HÔTEL J C, BRUNEL B. Increase in diameter of the stem in tomato: effects of light and of the night temperature. Agricultural & Forest Meteorology, 1990.
[54] TINDALL J A, BEVERLY R B, RADCLIFFE D E. Mulch Effect on Soil Properties and Tomato Growth Using Micro-irrigation. Agronomy Journal, 1991, 83(6): 1028-1034.
[55] SORIA T, CUARTERO J. Tomato fruit yield and water consumption with salty water irrigation. Acta Horticulturae, 1998, 458(458):215-220.
[56] 唐绍忠. 农田灌溉原理研究领域几个问题的思考与探索. 灌溉排水, 1992, 11(3): 1-7.
[57] 李保国. 农田土壤水的动态模型及应用. 北京: 科学出版社, 2000: 2-6.
[58] 许迪, 蔡林根, 王少丽, 等. 农业持续发展的农田水土管理研究. 北京: 中国水利水电出版社, 2000:1-12.
[59] 李援农, 马孝义, 李建明. 保护地节水灌溉技术. 北京: 中国农业出版社，2000: 25-43.
[60] 李毅, 王文焰, 王全九. 论膜下滴灌技术在干旱-半干旱地区节水抑盐灌溉中的应用. 灌溉排水, 2001, 20(2): 42-46.
[61] 吴文勇, 杨培岭, 刘洪禄. 温室土壤-植物-环境连续体水热运移研究进展. 灌溉排水, 2002, 21(1): 76-79.
[62] 孙宁宁，董斌，罗金耀. 大棚温室作物需水量计算模型研究进展. 节水灌溉，2006(2): 16-19.
[63] ALLEN R G, PEREIRA L S, RAES D, et al. Crop evapotranspiration: guidelines for computing crop water requirements. FAO Irrigation and Drainage Paper, 1998, 5612:30.
[64] ORGAZ F, FERNÁNDEZ M D, BONACHELA S, et al. Evapotranspiration of horticultural crops in an unheated plastic greenhouse. Agricultural Water Management, 2005, 72(2): 81-96.
[65] 吴擎龙, 雷志栋, 杨诗秀. 求解 SPAC 系统水热输移的耦合迭代计算方法. 水利学报, 1996(2): 1-10.
[66] 吴文勇, 杨培岭, 刘洪禄. 日光温室土壤—植物—环境系统水热耦合运移动态模拟. 灌溉排水学报, 2003, 22(3): 49-53.
[67] 吴从林, 黄介生, 沈荣开. 地膜覆盖条件下 SPAC 系统水热耦合运移模型的研究. 水利学报, 2000(11): 89-96.
[68] 孟兆江, 段爱旺, 刘祖贵, 等. 温室茄子茎直径微变化与作物水分状况的关系. 生态学报, 2006, 26(8): 2516-2522.
[69] 彭致功, 段爱旺, 刘祖贵, 等. 日光温室条件下茄子植株蒸腾规律的研究. 灌溉排水, 2002, 21(2): 47-50.
[70] 孙俊, 罗金耀, 李小平, 等. 大棚茄子滴灌试验需水量研究. 中国农村水利水电，2008(2): 11-13.
[71] 温耀华, 罗金耀, 李小平, 等. 基于 BP 神经网络的大棚作物腾发量预测模型. 中国农村水利

水电，2008(2): 20-21,25.
[72] MANNINIP, GALLINA D. EFFECTS of different irrigation regimes on two tomato cultivars grown in a cold greenhouse. Horticulture Abstracts, 1996(61): 641.
[73] 原保忠，康跃虎. 番茄滴灌在日光温室内耗水规律的初步研究. 节水灌溉，2000(3): 25-27.
[74] DODDS G T, TRENHOLM L, RAJABIPOUR A, et al. Yield and quality of tomato fruit under water-table management. Journal of the American Society for Horticultural Science, 1997,122(4): 491-498.
[75] SHRIVASTAVA P K, PARIKH M M, SAWANI N G, et al. Effect of drip irrigation and mulching on tomato yield. Agricultural Water Management, 1994, 25(2): 179-184.
[76] HARMANTO, SALOKHE V M, BABEL M S, et al. Water requirement of drip irrigated tomatoes grown in greenhouse in tropical environment. Agricultural Water Management, 2005, 71(3):225-242.
[77] SMAJSTRLA A G, LOCASCIO S J. Tensiometer-controlled, drip-irrigation scheduling of tomato. Applied Engineering in Agriculture,1996, 12(3): 315-320.
[78] MORALES D, DELL'AMICO J, JEREZ E, et al. Performance of different tomato varieties cultivated under various irrigation regimes, comport mien to dereferences varied des de tomato cultivates a disinters regimens de riego. Cultivars Tropicales, 1996, 17(1): 32-35.
[79] BLANCO F F, FOLEGATTI M V. Evapotranspiration and crop coefficient of cucumber in greenhouse. Revista Brasileira de Engenharia Agrícola e Ambiental, 2003, 7(2): 285-291.
[80] 汪小旵, 罗卫红, 丁为民, 等. 南方现代化温室黄瓜夏季蒸腾研究. 中国农业科学，2002, 35(11): 1390-1395.
[81] 罗卫红, 汪小旵, 戴剑峰, 等. 南方现代化温室黄瓜冬季蒸腾测量与模拟研究. 植物生态学报, 2004, 28(1): 59-65.
[82] 吴文勇, 刘洪禄, 杨培岭, 等. 温室滴灌条件下甜瓜气孔阻力变化规律研究. 中国农村水利水电, 2002(12): 28-30.
[83] BATTIKHI A M, GHAWI I. Muskmelon production under mulch and trickle irrigation in the Jordan Valley. Hortscience, 1987, 22(4):578-581.
[84] 张朝勇, 蔡焕杰. 膜下滴灌棉花土壤温度的动态变化规律. 干旱地区农业研究，2005, 23(2): 11-15.
[85] Yang X S, Short T H, Fox R D, et al. The microclimate and transpiration of a greenhouse cucumber crop. Transactions of the American Society of Agricultural and Biological Engineers, 1989, 32(6): 2143-2150.
[86] 彭致功, 段爱旺, 郜庆炉. 节能日光温室光照强度的分布及其变化. 干旱地区农业研究, 2003, 21(2): 37-40.
[87] 郜庆炉, 梁云娟, 段爱旺. 日光温室内光照特点及其变化规律研究. 农业工程学报，2003, 19(3): 200-204.
[88] 郜庆炉, 段爱旺, 梁云娟. 日光温室内温光条件对作物种植制度的影响. 干旱地区农业研究, 2004, 22(1): 106-110.
[89] 冯绍元, 丁跃元, 曾向辉. 温室滴灌线源土壤水分运动数值模拟. 水利学报, 2001(2): 59-63.
[90] 王舒, 李光永, 王占胜, 等. 温室分层土壤条件下滴头流量和间距对湿润体的影响. 灌溉排水

学报, 2005, 24(4): 36-40.

[91] 康跃虎, 王凤新, 刘士平, 等. 滴灌调控土壤水分对马铃薯生长的影响. 农业工程学报，2004, 20(2): 66-72.

[92] 刘祖贵, 段爱旺, 吴海卿, 等. 水肥调配施用对温室滴灌番茄产量及水分利用效率的影响. 中国农村水利水电,2003(1): 10-12.

[93] 柴付军, 李光永, 张琼, 等. 灌水频率对膜下滴灌土壤水盐分布和棉花生长的影响研究. 灌溉排水学报, 2005, 24(3): 12-15.

[94] 杨启国, 邱仲华, 杨兴国, 等. 甘肃旱作农业区发展节能日光温室蔬菜生产的可行性探讨. 干旱地区农业研究, 2002, 20(2): 112-115.

[95] 曾向辉, 王慧峰, 戴建平, 等. 温室西红柿滴灌灌水制度试验研究.灌溉排水, 1999, 18(4): 23-26.

[96] 徐淑贞, 张双宝, 鲁俊奇, 等. 日光温室滴灌番茄需水规律及水分生产函数的研究与应用. 节水灌溉, 2001(4): 26-28.

[97] 罗家雄, 魏一谦. 塑料大棚滴灌蔬菜的耗水量及灌溉制度. 新疆农垦科技，1981(4): 42-53.

[98] 栾雨时, 蔡启运, 孙业芝, 等. 塑料大棚黄瓜的灌水开始点. 灌溉排水, 1990, 9(1): 61-63.

[99] VEKEN L V D, MICHELS P, FEYEN J, et al. Optimization of the water application in greenhouse tomatoes by introducing a tensiometer-controlled drip-irrigation system. Scientia Horticulturae, 1982, 18 (1): 9-23.

[100] 栾雨时. 塑料大棚黄瓜节水灌溉的研究. 大连: 大连理工大学. 1988.

[101] 李远新, 张万清, 陈春秀. 适合保护地种植的厚皮甜瓜. 农业新技术, 2002(3): 29.

[102] YANG X S, SHORT T H, FOX R D, et al. Transpiration, leaf temperature and stomatal resistance of a greenhouse cucumber crop. Agricultural and Forest Meteorology, 1990, 51(3/4): 197-209.

[103] 李建明, 邹志荣, 付建峰, 等. 温室番茄节水灌溉指标的研究. 沈阳农业大学学报，2000, 31(1): 110-112.

[104] 王绍辉, 任理, 张福墁. 日光温室黄瓜栽培条件下土壤水分动态的数值模拟. 农业工程学报, 2000, 16(4): 110-114.

[105] 王绍辉. 日光温室黄瓜栽培需水规律及生理机制的研究. 北京: 中国农业大学, 2000.

[106] 李远华. 实时灌溉预报的方法及应用. 水利学报, 1994(2): 46-51.

[107] 王新元, 张喜英, 李登顺. 塑料大棚早春西红柿耗水量水分利用率的研究. 海河水利，1998(3): 16-17.

[108] STANGHELLINI C. Transpiration of greenhouse crops: an aid to climate management. Wageningen: University of Agricultural, 1987: 150.

[109] WANG S A, BOULARD T. Predicting the microclimate in a naturally ventilated plastic house in a mediterranean climate. Journal of Agricultural Engineering Research, 2000, 75(1): 27-38.

[110] BOULARD T, WANG S A. Greenhouse crop transpiration simulation from external climate conditions. Agricultural and Forest Meteorology, 2000, 100(1), 25-34.

[111] JONES H G, TARDIEU F. Modelling water relations of horticultural crops: A review. Scientia Horticulturae,1998,74: 21-46.

[112] 孙宁宁. 大棚作物需水量计算模型研究. 武汉: 武汉大学，2006.

[113] 孙俊. 大棚茄子滴灌需水规律研究，武汉: 武汉大学，2007

[114] 温耀华. 大棚番茄滴灌需水量计算模型研究，武汉: 武汉大学，2007

[115] 张明炷, 黎庆淮, 石秀兰. 土壤学与农作学(第三版). 北京: 中国水利水电出版社，1979: 182-183.

[116] 张恒喜, 郭基联, 朱家元. 小样本多元数据分析方法及应用. 西安: 西北工业大学出版社, 2002: 23-42.

[117] 项静恬, 史久恩. 非线性系统中数据处理的统计方法. 北京: 科学出版社, 1997: 1-9.

[118] LORBER A, WANGEN L E, KOWALSKI B R. A theoretical foundation For the PLS algorithm. Journal of Chemometrics, 1987, 1 (1): 19-31.

[119] JONG S D. Simpls: an alternative approach to partial least squares regression. Chemometrics and Intelligent Laboratory Systems, 1993, 18(3): 251-263.

[120] 王惠文. 偏最小二乘回归方法及其应用. 北京: 国防工业出版社, 1999: 2-10.

[121] 王惠文, 黄薇. 成分数据的线性回归模型. 系统工程, 2003, 21(2): 102-106.

[122] 王惠文, 刘强. 成分数据预测模型及其在中国产业结构趋势分析中的应用. 中外管理导报, 2002(5): 27-29.

[123] 王惠文, 刘强, 屠永平. 偏最小二乘回归模型内涵分析方法研究. 北京航空航天大学学报, 2000, 26(4): 473-476.

[124] 尹力, 刘强, 王惠文. 偏最小二乘相关算法在系统建模中的两类典型应用. 系统仿真学报，2003, 15(1): 135-137, 145.

[125] 付强，王志良，梁川. 基于偏最小二乘回归的水稻腾发量建模. 农业工程学报，2002，18(6): 9-12.

[126] 付强, 梁川. 节水灌溉系统建模与优化技术. 成都: 四川科学技术出版社, 2002: 1-2.

[127] 邓念武, 徐晖. 单因变量的偏最小二乘回归模型及其应用. 武汉大学学报(工学版)，2001, 34(2): 14-16.

[128] 邓念武, 邱福清. 偏最小二乘回归神经网络模型在大坝观测资料分析中的应用. 岩石力学与工程学报, 2002, 21(7): 1045-1048.

[129] 邓念武. 偏最小二乘回归在大坝位移资料分析中的应用. 大坝观测与土工测试，2001, 25(6): 16-18.

[130] 徐洪钟, 吴中如. 偏最小二乘回归在大坝安全监控中的应用. 大坝观测与土工测试，2001, 25(6): 22-23, 27.

[131] 张伏生, 汪鸿, 韩悌, 等. 基于偏最小二乘回归分析的短期负荷预测. 电网技术, 2003, 27(3): 36-40.

[132] 张大仁, 赵立新. 基于遗传算法的 PLS 分析在 QSAR 研究中的应用. 环境科学, 2000, 21(6): 11-15.

[133] 董春, 吴喜之, 程博. 偏最小二乘回归方法在地理与经济的相关性分析中的应用研究. 测绘科学, 2000, 25(4): 48-51.

[134] 薛联青, 汪家权, 崔广柏. 区域经济、人口、排污量系统综合预测模型研究. 西北水资源与水工程, 2000, 11(3): 22-25.

[135] 胡顺军, 田长彦, 宋郁东. 缺水条件下膜下滴灌棉花蒸散量的计算方法. 干旱地区农业研究, 2010, 28(6): 47-50.

[136] 龚少红. 水稻水肥高效利用机理及模型研究. 武汉: 武汉大学, 2005.
[137] 丛爽. 面向 MATLAB 工具箱的神经网络理论与应用. 合肥: 中国科学技术大学出版社, 1998: 25-30.
[138] 陈耿彪. 动态神经网络在液压系统模型辨识中的应用. 长沙: 长沙理工大学, 2005.
[139] 陈述存, 高正夏. 基于改进 BP 算法的 Elman 网络在软基沉降预测中的应用. 工程地质学报, 2006, 14(3): 394-397.
[140] 高宁. 基于 BP 神经网络的农作物虫情预测预报及其 MATLAB 实现. 合肥: 安徽农业大学, 2003.
[141] 飞思科技产品研发中心. 神经网络理论与 MATLAB 7 实现. 北京: 电子工业出版社, 2005: 105-121.
[142] 苏高利,邓芳萍. 论基于 MATLAB 语言的 BP 神经网络的改进算法. 科技通报, 2003, 19(2): 130-135.
[143] 杨君岐, 孙少乾, 乐甲. 基于 Elman 网络的股价预测模型及在浦发银行股票预测中的应用. 陕西科技大学学报, 2007, 25(6): 127-130.
[144] 陈世立，陈新民. 改进 BP 神经网络在冲压发动机性能预测中的应用. 导弹与航天运载技术, 2007(3): 46-49.
[145] 张兵, 袁寿其, 成立, 等. 基于 L-M 优化算法的 BP 神经网络的作物需水量预测模型. 农业工程学报, 2004, 20(6): 73-76.
[146] CUNHA M D C, SOUSA J. Water distribution network design optimization: simulated annealing approach. Journal of Water Resources Planning and Management, 1999, 125(4): 215-221.
[147] 雷英杰, 张善文. MATLAB 遗传算法工具箱及应用. 西安:西安电子科技大学出版社, 2005: 122-136.
[148] 王小平, 曹立明. 遗传算法:理论、应用及软件实现. 西安: 西安交通大学出版社, 2002: 1-25.
[149] 张文修, 梁怡. 遗传算法的数学基础. 西安: 西安交通大学出版社, 2000: 21-35.